U0863780

科普总动员

人类远征太空，航天开辟道路。让我们一起来开启问鼎苍穹的航天之旅吧！

问鼎苍穹的航天之旅

编著：费菲

探索浩瀚的宇宙
是人类千百年来的美好梦想

山西出版传媒集团
山西经济出版社

图书在版编目(CIP)数据

问鼎苍穹的航天之旅 / 费菲编著. — 太原 : 山西经济出版社, 2017.1
ISBN 978-7-5577-0113-0

Ⅰ. ①问… Ⅱ. ①费… Ⅲ. ①航天—青少年读物
Ⅳ. ①V4-49

中国版本图书馆CIP数据核字（2017）第000851号

问鼎苍穹的航天之旅

wendingcangqiong de hangtianzhilü

编　　著：费　菲
出版策划：吕应征
责任编辑：吴　迪
装帧设计：蔚蓝风行

出 版 者：山西出版传媒集团·山西经济出版社
社　　址：太原市建设南路 21 号
邮　　编：030012
电　　话：0351-4922133（发行中心）
　　　　　0351-4922085（总编室）
E-mail：scb@sxjjcb.com（市场部）
　　　　zbs@sxjjcb.com（总编室）
网　　址：www.sxjjcb.com

经 销 者：山西出版传媒集团·山西经济出版社
承 印 者：北京荣华世纪印刷有限公司

开　　本：787mm × 1092mm　1/16
印　　张：10
字　　数：150 千字
版　　次：2017 年 1 月　第 1 版
印　　次：2017 年 1 月　第 1 次印刷
书　　号：ISBN 978-7-5577-0113-0
定　　价：29.80 元

前言 ■问鼎苍穹的航天之旅

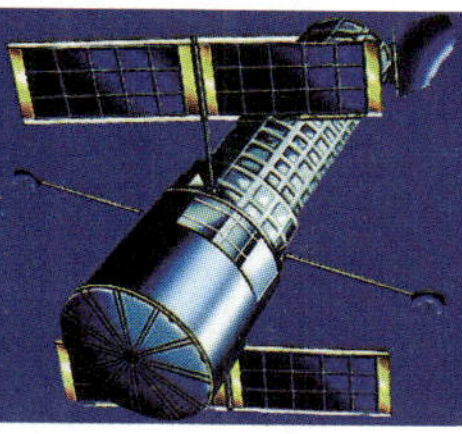

辽阔无垠的山川大地，苍茫无际的宇宙星空，人类生活在一个充满神奇变化的大千世界中。异彩纷呈的自然科学现象，古往今来曾引发无数人的惊诧和探索，它们不仅是科学家研究的课题，更是青少年渴望了解的知识。通过了解这些知识，可开阔视野，激发探索自然科学的兴趣。

本书介绍了航天学科的相关知识。分"航天历程回顾""航天设备发明""航天学科猜想"三个篇章，展示了成果丰硕的航天事业的进展情况。全书图文并茂、通俗易懂，并以简洁、鲜明、风趣的标题引发青少年的阅读兴趣。

探索浩瀚的宇宙，是人类千百年来的美好梦想。所以在很久以前，人类就已经开始坚持不懈地发展航天事业。尤其是20世纪中期到21世纪初期，人类经过不懈努力，取得了很多可喜成果，并相继研制出宇宙飞船、航天飞机等航天器或载人航天器，同时在太空建立了国际空间站。

1961年4月12日，苏联宇航员尤里·加加林乘坐"东方1号"航天器，绕地球飞行108分钟之后，圆满完成了人类历史上第一次宇宙飞行的任务。这次飞行的成功，标志着人类挣脱了地球引力的束缚，实现了登天飞行的理想，具有划时代的意义。1969年7月16日，在美国卡纳维拉尔角航天发射场，一枚"土星"5号火箭载着"阿波罗"11号飞船在肯尼迪航天中心点火发射。飞船绕月飞行20多小时后降落到月球表面，宇航员阿姆斯特朗首次踏上月球。"阿波罗"11号飞船终于实现了人类几千年的梦想，完成了空前的登月壮举。1981年4月12日，美国第一架航天飞机"哥伦比亚"号在肯尼迪航天中心首次成功升空飞行。这次飞行的成功，进一步实现了人类进入太空旅游的梦想。1984年6月7日，美国航天飞机"挑战者"号宇航员布鲁斯·麦坎德利斯使用载人机动装置，完成了人类首次无安全索太空行走。2003年10月16日，中国首次载人航天飞船在太空环绕地球飞行14圈后，航天员杨利伟乘坐"神舟"五号平安降落在内蒙古着陆场。2006年9月,美国首先向全球公布了研制探索诸如月球之类遥远太空星系的新一代航天飞机计划。

世界航天事业不断蓬勃发展,辉煌壮举不断涌现。人类为何屡次远征太空,坚持不懈地发展航天技术呢?那是因为,航天事业的发展不仅是一个国家军事、国力的体现,航天技术还能带动天文、地理、气象、生物、医学、遗传工程等领域新的科学研究的发展,这对人类了解宇宙自然、改善生存条件具有重要意义。同时,随着航天技术的迅速发展,人类将利用太空空间进行商业化活动,开辟空间工厂。包括空间材料加工、空间能源、空间运输、空间旅游等。宇宙空间商业化的前景不仅是人类的向往,而且是人类征服空间、利用空间为自己服务的必然趋势。

这一切都说明,发展航天技术,将会给人类社会带来美好的前景。而航天事业突飞猛进的发展,也使人类转移到其他星球上生活将不再是幻想。

目录

问鼎苍穹的航天之旅

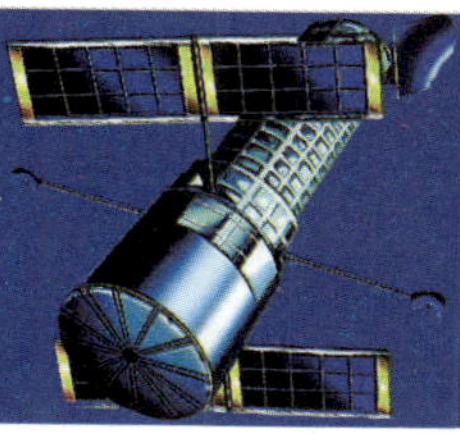

第 1 章 航天历程回顾

第 2 章 航天设备发明

第 3 章 航天学科猜想

航天历程回顾

□问鼎苍穹的航天之旅

第1章

宇航圣地拜科努尔

科普档案 ●**宇航基地:**拜科努尔 ●**位置:**北纬 46°、东经 63°的哈萨克斯坦半沙漠地区

在哈萨克斯坦共和国南部人烟稀少的半沙漠地带，有一块占地 4.6 万平方千米的军事禁区。这个充满神秘色彩的地方便是拜科努尔宇航基地，它是世界上最大的航天发射基地。

在哈萨克斯坦共和国南部人烟稀少的半沙漠地带，有一块占地 4.6 万平方千米的军事禁区。在长达近半个世纪的岁月里,这块地方始终有重兵把守,人员进出需特别通行证。这个充满神秘色彩的地方便是拜科努尔宇航基地,它是世界上最大的航天发射基地。据有关资料显示,拜科区域努尔航天中心面积为 6700 多平方千米。半个世纪中，从这里发射了约 2500 枚火箭,把 3000 多个航天器载入轨道,将 130 位宇航员送上太空遨游。作为人类进军宇宙的圣地,拜科努尔曾有过辉煌的过去。它曾创造过人类宇航史上 3 项第一:1957 年,成功发射了人类第一颗人造卫星;1961 年,它完成了将人类首次送入太空的壮举;1963 年，它将人类第一个女宇航员送入太空。这 3 个第一奠定了它在人类征服宇宙的史册上不朽的地位。

拜科努尔原是哈萨克大草原上的一座农庄，这里生存条件十分恶劣，夏天气温高达 45℃,常伴强风和沙尘暴,冬天气温低到 -40℃,常有暴风雪降临。1955 年 6 月 2 日,苏联武装力量总参谋部下令组建拜科努尔宇航基地。此后的 10 年里,基地实施了一系列由苏联火箭之父科罗廖夫主持设计的洲际弹道导弹试验开发计划。从 20 世纪 60 年代中期到 70 年代中期,基地试验并生产了一系列新型运载火箭,从“飓风 2 号”“联盟”系列到重型运载火箭“质子”等。世人瞩目的“联盟”号系列宇宙飞船、“礼炮”号系列轨道站、登月器、金星探测器和苏联首架航天飞机也都是从这里发射升空的。

拜科努尔也曾有过悲伤的时刻。1960年10月24日，在发射P-16型洲际弹道导弹时，准备发射的导弹突然发生爆炸，99名现场工作人员中，有74人当场丧生。

□拜科努尔发射场

经过50多年的建设发展，拜科努尔航天中心已经拥有15个航天运载火箭发射设施、4个试验洲际弹道导弹发射装置、11个火箭和卫星装配测试大楼和3个航天燃料站。中心分为载人航天器发射区、大型运载火箭发射区和航天飞机发射区3个部分。每个发射区都配有运输起竖车、燃料加注设施、发射控制室、发射台和服务塔等。

载人航天器发射区在发射场的北部偏东，有3个主要发射场地和技术阵地。在"联盟"号飞船发射场地，最著名的是加加林发射台，1955年建成后发射了第一颗人造卫星和第一艘载人飞船，至今仍是发射"联盟"号载人飞船最繁忙的发射台之一；在它的发射架支柱侧面绘有396颗黄星，是它历次的发射记录。

大型运载火箭发射区位于发射场的西北部，主要发射不载人航天器。其中主要是"质子"号运载火箭发射场地，这里发射升空的有"礼炮"号、"和平"号空间站及其对接的实验舱；还有"地平线"号、"荧光屏"号地球同步轨道通信卫星，格罗拉斯全球定位导航卫星等。"质子"号发射阵地由固定式发射台、可移动式服务塔、推进剂库和控制室等组成，在技术阵地可以同时装配6枚运载火箭。

航天飞机发射区位于发射场北部偏西，主要任务是用"能源"号运载火箭发射"暴风雪"号航天飞机。它有3座发射台，1号台用于发射不带航天飞机轨道器的"能源"号运载火箭，2号、3号台基本相同，用于发射航天飞机。"能源"号运载火箭装配大楼长274米、宽160米、高40米；"暴风雪"号航天飞机总装大楼长 300 米、宽 240 米、高 37 米;“能源—暴风雪”号联合体检测大楼长 240 米、高 60 米,振动试验塔高 100 米。这些大型设施在空旷的草原上巍峨耸立,成为人类飞向太空的标志。

苏联解体后,拜科努尔经受了几乎是毁灭性的打击。俄罗斯不再是发射场的主人,而哈萨克斯坦则对管理和利用这座宏大的宇航中心缺乏能力和热情。1993 年,哈俄两国就共同使用拜科努尔发射场达成共识,双方签署了关于确保该发射场作用的备忘录。1994 年 3 月,哈萨克斯坦将宇航中心租赁给俄罗斯使用，租期 20 年。哈俄双方都为保障基地运转做出了努力，但双方仍在基地设备的使用和维修、交纳租金及发展定位等方面存在不少纠纷。1996 年,由于哈俄未就基地供电问题达成一致,拜科努尔供电完全中断,工作和生活陷入瘫痪,基础设施受损严重,发射计划被迫停止。此事惊动了当时的俄罗斯政府总理切尔诺梅尔金,在他的协调下,供电问题才得以解决。2001 年 1 月哈俄又签订了新的协议,租用期延长到 2050 年,俄罗斯为使用拜科努尔航天发射场共需支付哈萨克斯坦 64.4 亿美元。俄罗斯虽然打算在西伯利亚修建新的航天发射场,但从各方面权衡,都不如使用已经营了 50 年的拜科努尔发射场方便和合算；特别是这里的纬度相对较低，有巨大的经济价值，所以拜科努尔仍是俄罗斯向太空进军的最佳发射场，而且是美国航天飞机停飞后通往国际空间站的唯一门户。俄罗斯发射的航天器约 70%在这里升空,而且近两年的载人太空飞行非它不可,拜科努尔在世界航天发射场中继续占据着绝对领先的地位。

知识链接

苏联第一枚洲际导弹点火失败

拜科努尔辉煌的背后，也有很多惨痛的回忆。1960 年 10 月 24 日，苏联第一枚 P-16 型洲际导弹点火失败，就在技术人员接近弹体检查时，导弹的第二级意外点火，造成 74 人殉职。这是世界航天史上最严重的一次伤亡事故。

“水星”计划

科普档案 ●**航天计划：**“水星”计划 ●**制定机构：**美国宇航局 ●**实施时间：**1959～1963 年

为了与苏联展开太空争霸战，美国宇航局于 1958 年秘密制订了一项野心勃勃的载人航天计划——“水星”计划。这个计划的主要目的是实现载人空间飞行的突破。

美国宇航局于 1958 年秘密制订的“水星”计划是为了把载一名宇航员的飞船送入地球轨道，飞行几圈后安全返回地面，考察失重环境对人体的影响、人在失重环境中的工作能力等。重点是解决飞船的再入气动力学、热动力学和人为差错对以往从未遇到过的高加速度和零重力的影响等问题。

“水星”计划早期的实验并不顺利。1960 年 7 月 29 日的第一次试验，随着一声轰鸣，“大力神”拔地而起，直冲云霄。60 秒钟后，火箭几乎到达参观者的头顶上空，并渐渐地沿着巨大的弧线轨迹飞向天际。突然，一声巨响，火箭一下子粉身碎骨。还有两枚携带“水星”飞船的试验火箭，一枚自行爆炸，一枚由地面遥控引爆。但是，冯·布劳恩和他的同事们并未因此而泄气。他们认真地总结试验失败的教训，比较苏联火箭的长处，很快又研制出“水星—红石”1A 号火箭。这次试验终于获得了成功。按照冯·布劳恩的指令，在 210 千米的高空上，“水星—红石”1A 号飞船在预定的时间里脱离了运载火箭，进入大气层。“水星”计划的大幕终于拉开了。

就在“水星”号发射和回收取得成功的同时，18 只经过严格挑选的大猩猩正在进行着进入太空的模拟训练，它们将成为征服太空的开路先锋。大猩猩是自然界中最接近人类的高级动物，尤其是年轻的大猩猩，有着极强的模仿能力。在对 18 只大猩猩进行严格训练的过程中，一名叫哈姆的大猩猩表现特好，操纵机器的能力最强，在 70 分钟内，它连续操纵 7000 次，误差只有28次。最终,哈姆登上了"水星—红石"2号火箭飞上了蓝天。那一天,哈姆紧握着操纵杆,充分施展出它在训练时学到的东西,使"水星—红石"2号飞船在太空中画了一个660多千米的大圆弧,安全地降落在预定的海面上。

"水星"计划取得了初步的成功。可就在这时,传来了加加林首次遨游太空成功的消息。为了与苏联人展开太空竞争,美国宇航局和冯·布劳恩等专家决定立即进行载人航天飞行实验。但是,由于载人进入预定轨道飞行的时机尚不成熟,美国宇航局决定先进行像大炮炮弹那样做弹道飞行的亚轨道载人飞行试验,以完成载人轨道飞行前的实战学习。

在"水星"计划的早期,人们尚不清楚什么类型的人能够胜任宇航员的位置,曾考虑过的几种类型包括特技替身演员、马戏团演员、游泳运动员和赛车手。艾森豪威尔总统曾做出决定,认为宇航员应该是军事飞行员,特别是试飞员。此外,他们应该接受过大学教育,已建立了家庭、中等身高和体格,健康状况极好,并且热衷于驾驶先进的飞行器。于是,宇航局的官员们开始筛选军事飞行员的服役记录,他们把范围缩小到了110人,这些飞行员分别来自海军陆战队、海军和空军。110名飞行员当中有69人参加了筛选测试,最终有32人被选中并同意接受在俄亥俄州和新墨西哥州进行的进一步测试。他们大多是第二次世界大战和朝鲜战争的老兵,有丰富的飞行经验并且健康状况极好。被选中以后,宇航员们又经过了几年的培训,包括在水星飞船系统中的训练以及飞行训练、连续的医疗评估和各种环境下的生存训练。他们刻苦地练习并忍受着和家人长时间分离的痛苦,每个人都想在竞争中努力成为第一个进入太空的美国人。最终,经过数年的准备,初次飞行的安排被确定下来,谢泼德将是第一个进入太空的美国人。

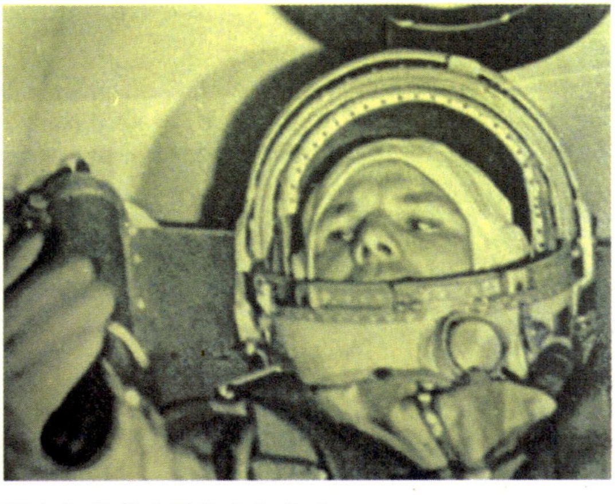
□加加林首次遨游太空成功

1961年5月5日，谢泼德身着臃肿的宇航服，在亿万双目光的关注下，钻进了“水星”飞船系列的“自由”7号，成为美国第一位进入太空飞行的宇航员。这次飞行非常顺利，全部飞行时间总共是15分22秒，其中失重状态5分4秒，飞行距离约480千米，飞行高度186千米。虽然这次飞行并未进入卫星轨道，但却是美国第一次把宇航员送入了太空，它证明“水星”飞船的构造和性能已经达到设计要求，完全可以承担起载人轨道飞行的使命。

□执行“自由”7号时的谢泼德

1962年年初，美国宇航局宣布，不久就要进行第一次载人轨道飞行的试验。这是“水星”计划最高潮的一幕。宇航员格伦被挑选为人类轨道飞行的第一人。

1962年2月20日，“水星—大力神”火箭狂吼着冲向了太空，准确地将“友谊”7号飞船送入了绕地球飞行的轨道。此时，格伦的心情激动不已，他正站在一个常人无法企及的位置上，观察着星辰的面貌、地球的容颜和日落的壮观……忽然，格伦发现飞船出现向西甩的现象，虽然能很快地自动纠正，但每次纠正都要消耗大量的燃料。格伦很快判断出是驾驶器发生故障，没有办法，只得改由人力操纵飞行。这使预定计划中的两顿饭只好放弃了，预备拍的照片也大大地减少了，许多预定的观测工作也不得不停止。一波未平，一波又起。“水星”计划控制中心的测航仪器忽然发出了警报：“友谊”7号头部的隔热层壳体松脱，变成半开状态。这是一个十分危险的故障。如果这个隔热层壳体在飞船进入大气层之前或进入大气层时全部脱落，那么飞船和空气间的巨大摩擦所产生的高温，就会把整个飞船熔化掉。这一不幸的消息，使得地面控制中心的工作人员焦急万分，他们立即投入到紧张的研究之中，试图找出挽救的办法。此刻的格伦，正全神贯注地在太空做着各种试验和观测，而对于就要发生在眼前的危险却全然不知。“保留反射火箭箭座。”来自地面指控中心的指令把陶醉于试验之中的格伦一下子惊醒了。“这莫非是一个反常的指令？”他感到事情有些不好。“请解释一下指令。”格伦向地面询问。“请速发射反射火箭，切记保留箭座，否则隔热层壳体将会脱落，并迅速返回。”从地面上传来了艾伦·谢泼德焦急的声音。格伦一切都明白了，但他却表现得极其冷静和镇定。他开始集中精力，严格按照地面控制中心的指令执行。还是地面专家们的判断正确，他们提出的方案发挥了重要作用。当飞船头部的反射火箭射出之后，由于保留了位于飞船头部中心的火箭底座，使箭座上的3条箍子箍住了隔热层壳体。随着大西洋一根水柱的激飞，格伦安全地回到了地球的怀抱。显示屏上清楚地显示，轨道飞行绕地球3圈，历时4小时55分23秒。当格伦被人从船舱里救护出来时，在场的人一下子狂欢起来，欢呼之声响彻云霄。

“水星”计划结束于1963年5月，共完成25次飞行试验，其中包括4次动物飞行，2次载人弹道飞行，4次载人轨道飞行，耗资约4亿美元。这一计划的实现为美国在太空竞赛中确定了立足点，并为以后的“双子星座”计划和“阿波罗”计划铺平了道路。

知识链接

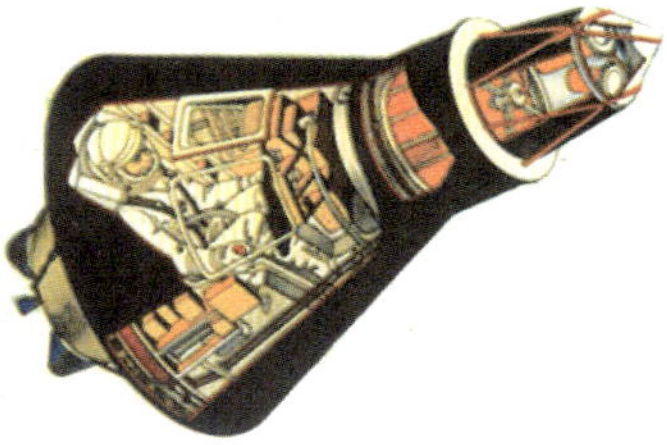

水星飞船

担负“水星”计划的水星飞船总长约2.9米，底部最大直径1.86米，重1.3~1.8吨，由圆台形座舱和圆柱形伞舱组成。座舱内只能坐一名宇航员，设计最长飞行时间为两天，飞行时间最长的一次为34小时20分，绕地球22周。

“双子星座”计划

科普档案 ●**航天计划**:“双子星座”计划 ●**制定机构**:美国宇航局 ●**实施时间**:1961～1966 年

“双子星座”计划是美国继“水星”计划之后，采取循序渐进的方式登陆月球的第二步。它作为一项既是过渡性又是独立性的计划，取得了许多开创性的成就，也为“阿波罗”计划提供了极其宝贵的经验和科学技术成果。

“双子星座”计划是美国继“水星”计划之后,以循序渐进的方式登陆月球的第二步。它的目的就是在“水星”计划的基础上,进一步为载人登月服务。就在苏联宇航员列昂诺夫第一次实现太空行走之后不久,美国宇航员怀特也走出“双子星座”4 号飞船的密封舱,在太空行走了 20 分钟。列昂诺夫、怀特的太空行走,证明了人能够在真空、超低温、没有重力、充满宇宙射线和流星的十分危险的太空环境中停留、活动,并且不会丧失思维和工作能力。这为人类进一步挺进月球带来了自信。

□爱德华·怀特走出“双子星座”4号飞船，成为第一个在太空行走的美国航天员。

从 1965 年 3 月到 1966 年 11 月，“双子星座”计划共进行了 10 次载人飞行。1965 年 6 月 3 日,“双子星座”4 号飞船发射,进行“双子星座”计划的第二次载人飞行。这次飞行任务由宇航员怀特和麦克迪维特承担，飞行时间增加到 5 天。在绕轨道第三圈时,怀特按预定计划在夏威夷上空打开舱门,进入了开放空间。他身上连了一根长索,利用小型机动系统,最远时离飞船 3 米左右,除身体有些旋转外,一切

□“双子星座”6号和“双子星座”7号飞船在轨练习交会

均正常。他手里拿着一支宇宙枪，不过枪里发出的不是子弹，而是高压气体，它产生的反作用力可以帮助宇航员调整位置。怀特在空中漫步了20分钟。他通过无线电耳机话筒与驾驶“双子星座”号飞船的人聊天，不时地靠宇宙枪从这里移到那里。他在舱外共活动了约21分钟。此次飞行，他们还进行了科学和技术实验、医学测试、利用弹力器来维持肌肉的弹性，而且拍摄了许多舱外活动和地球大气的照片。由于飞船上的计算机失灵，原定飞行121圈的任务没有完成，只飞行了62圈，就于1965年6月7日返回地面。

“双子星座”计划的一个重要任务是实现轨道会合和对接。1965年12月4日和12月15日“双子星座”7号和“双子星座”6号分别进入太空，实现了太空会合，在间距只有40米的情况下持续飞行了7个多小时，最近时只有0.3米。尔后“双子星座”8号和“双子星座”9号的飞行任务都是与“阿金纳”火箭实现对接，但都未能实现。

1966年7月18日，“双子星座”10号飞船载着约翰·杨和柯林斯进入轨道，实现了与“阿金纳”3号的对接任务，完成了登月计划的关键技术。接着“双子星座”11号和“双子星座”12号飞船又分别实现了两次对接任务。至此“双子星座”计划圆满地实现了预定目标。

“双子星座”计划作为一项既是过渡性又是独立性的计划，取得了许多开创性的成就，也为“阿波罗”登月计划提供了极其宝贵的经验和科学技术成果。整个飞行期间，宇航员共进行了52项试验，在不同高度上拍摄了1400张地球的彩色照片，全面地研究了人在太空中长期工作和生活的情况。为航天技术人员及地面机组人员提供了发射火箭所需的大量的实践数据。到“双子星座”12号飞行结束时，美国宇航员已经有了2000小时的太空飞行记录，而此时苏联的飞行时数只有500多小时，美国至此开始领先于苏联。

知识链接

驾驶员怀特

1966年，怀特被选为第一次“阿波罗”计划执行“双子星座”4号飞行任务的指令舱驾驶员。不幸的是，计划中将于1967年2月发射的“阿波罗”1号于1月27日进行一次例行测试时，指令舱突然发生大火，怀特与其他两名宇航员遇难。

“阿波罗”登月

科普档案 ●**航天计划**：“阿波罗”计划 ●**制定机构**：美国宇航局 ●**实施时间**：1961～1972 年

“阿波罗”计划，是美国从 1961 年到 1972 年从事的一系列载人登月飞行任务。这个计划被命名为“阿波罗”，是因为古希腊的传说中，太阳神阿波罗驾驶着天马战车踏过天际。

苏联于 1957 年抢先发射世界上第一颗人造地球卫星之后，又于 1961 年把人类第一名航天使者送上地球轨道。苏联在航天领域屡拿金牌，遥遥领先，大大刺激了技术力量雄厚的美国。1961 年，美国总统肯尼迪批准了宇航局的登月计划，并在国会上大胆地提出了在 1970 年以前先于苏联把人送上月球的任务。肯尼迪以一种历届美国总统都没有的坦率态度警告美国人民，除非他们具有跑完全程的毅力，否则就不要接受这项任务。这项任务就是后来以希腊神话中的太阳神的名字命名的“阿波罗”登月计划。

其实“阿波罗”计划早在 1957 年便开始设想。1960 年左右曾认为登月的途径无外乎两种，一种是“直接登上月球”，另一种是从地球轨道发射站上发射。后来一个名叫霍博尔特的工程师提出了一个全然不同的月球轨道会合方案，就是用一艘比较小的航天飞船从月球轨道上下降到月球上，完成探险任务之后再在月球轨道上与母船会合对接，返回地球。经过一场激烈的内部大争论之后，霍博尔特的设想被采纳了。这一技术途径使“阿波罗”登月着陆计划的实现至少提前了两年。

为研制大型运载火箭，著名的火箭专家冯·布劳恩及其 4 人小组划归美国宇航局。政府同时为“土星”5 号火箭的研制拨款 1.4 亿美元。在最初的登月舱设计中，每位宇航员座椅前方的舱壁上各安排了两个窗口。较大的一个舷窗口与宇航员的眼睛齐平，因宇航员是坐着的，窗口距宇航员眼睛

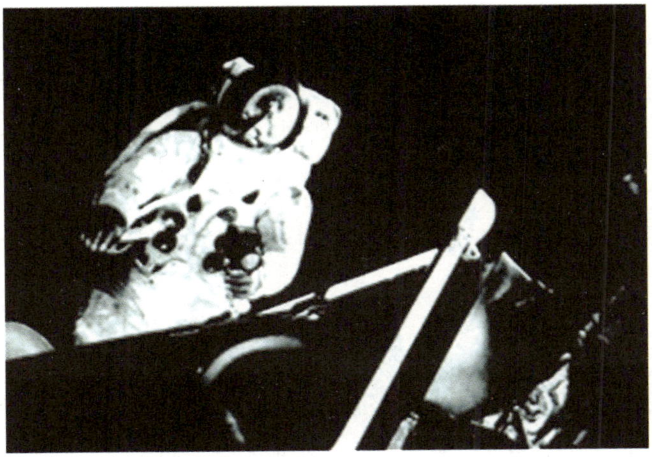

□“阿波罗”9号飞船航天员拉斯迪·施韦克特手握照相机走出飞船，进行了40多分钟的舱外活动

的距离为60厘米；较小的一个舷窗口靠近宇航员的膝盖，这样的设计很不理想。首先，由于舷窗的总面积过大，暴露的阳光太多，而缩小面积又会影响宇航员的视野；其次，由于窗口离宇航员的眼睛较远，视野非常有限，着陆过程中宇航员对着陆地点情况的观察很困难。此外，因为窗口大，重量也大，侵占了其他设备的重量。为了找到一个使窗口缩小、重量减轻、视野又好的合理的设计方案，设计师们绞尽脑汁，并经常为此争论不休。一天，宇航局的一名工程师发牢骚说，登月舱从与服务舱、指挥舱分离到在月面上着陆总共只有1小时，甚至更短，为什么非得让宇航员坐着，站着难道不行吗？“站着？”是的，站着！一句牢骚话为设计师们打开了思路。一个合理的新方案由此产生了。宇航员站着，可以使眼睛靠近窗口向外观察，视野大大地扩展了。在这种条件下窗口可以设计得很小，从而也减轻了重量。真是踏破铁鞋无觅处，得来全不费工夫！

实现首次载人登月，面临一系列的问题和困难。而首先要回答的问题是，月球表面到底是什么样子？飞行器能在那里安全着陆吗？它能承受飞船和宇航员的质量而不使之陷入尘埃吗？最佳的降落着陆点应选在哪里？为了侦察月球上的情况，美国在1961年到1967年间发射了一系列的自动月球探测器。其中包括9个“徘徊者”探测器、7个“勘察者”和5个月球轨道飞行器。3个型号的月球探测无人飞行器，先后对月球表面进行了大量拍摄，取回了月球土壤和岩石标本，考察了月球表面的坚实程度，并对适宜的着陆地点进行了反复的选择和测绘。到1967年年底，美国宇航局将有希望的登月地点筛选并剔剩到“静海”“风暴海”等5处。

“阿波罗”号飞船主要由救生系统、指挥舱、发动机舱和登月舱组成。指挥舱是飞船的主体，是飞船的控制中心，也是整个飞船唯一返回地球的部分。在该舱的头部装有在地球上着陆的系统、反作用系统发动机、天线、救生系统和正面闸门；在舱的后部有反作用操纵系统发动机和燃料箱，因为它是宇航员工作和休息的主要舱室，所以这里还有通信、导航、控制计算机和显示仪器。救生系统飞船在发射阶段的60千米以下的脱险装置，一般是在飞船上升到80千米后将其抛掉。发动机舱内装有环境控制系统、推动系统、电源、通信、制导、姿态控制和变轨发动机设备。登月舱分为下降段和上升段两个结构，分别用来将两名宇航员降落到月球表面上和送回等候在月球轨道上的母船上。在指挥舱和登月舱之间有一个连接隧道，供宇航员过渡用。

“阿波罗”计划中要求最高的是可靠性问题。过去的飞行都是在地球轨道上，飞行中出现故障可以在几分钟内应急返回，然而“阿波罗”号要飞到离地球38万千米的月球上去，一旦出现故障需3天的时间方能返回地球。在极其恶劣的宇宙环境条件下，这么长的时间意味着什么？因此，只能要求各方面严格把关，做到万无一失。为此，除了在地面对所有元部件进行反复严格的考验外，在登月前又进行了一系列飞行试验，包括6次无人亚轨道和地球轨道飞行试验，1次载人地球轨道飞行试验和3次载人月球轨道试验。

为宇航员登月而研制的航天服每件价值30万美元。白色的服装和背包生保系统、应急氧储备及天线装置，共重93千克。服装由16层材料组成，可以保温、防微陨石袭击。服装内有冷却和供氧系统，以维持宇航员生命。胸部有一组用于操纵和检测背包系统的控制盘。背包里有供给宇航员氧气、冷却服装循环的水、小型无线电发报机和一个氧气净化装置。头盔通过一个金属卡圈与服装颈部相连接，头盔有两层面罩，可以防护宇航员眼睛不受紫外线、红外线和流星微粒的伤害。头盔外壳由一种很结实而且轻巧的聚碳酸盐类材料制成。在头盔下是带有两套耳机和送话器的小帽。加压手套有一个特殊纤维做的外壳，内层是绝热材料，以防在工作中同热物体或冷物体接触时手受伤。手套的指端由硅有机橡胶制成，可提高宇航员手指的敏感性。套靴由21层绝热材料做成。在指挥舱内宇航员可不穿航天服而只着贴身的"衬衣"。它是由上衣和裤子组成的轻便的特氟纶飞行服，保暖性能良好，衣袋里存放着宇航员的必用品。

1969年5月18日，"阿波罗"10号飞船把3名宇航员载到环绕月球的轨道，试验了指令舱和登月舱的分离、对接，并探测了月球上的静海登月点，进行了载人登月前的一次预演。5月26日，3名宇航员平安返回地球。这样，一切准备就绪，登月的时机完全成熟了。1969年7月16日，高110.6米，重2930吨的"土星"5号火箭，载着"阿波罗"11号飞船升空，开始了人类首次登月的太空征程。美国宇航员阿姆斯特朗、奥尔德林、柯林斯驾驶着"阿波罗"11号宇宙飞船跨过38万千米的征程，承载着全人类的梦想踏上了月球表面。这确实是一个人的小小一步，却是整个人类迈出的伟大一步。他们见证了从地球到月球梦想的实现，这一步跨过了5000年的时光。

知识链接

"阿波罗"计划

"阿波罗"计划是世界航天史上具有划时代意义的一项成就。整个工程完成了6次登月，共有12名宇航员成功登月。该工程历时约11年，耗资255亿美元。在工程高峰时期，参加工程的有2万家企业、200多所大学和80多个科研机构，总人数超过30万人。

人类首次登月之旅

科普档案 ●**航天任务:**载人登月 ●**飞船:**“阿波罗”11号 ●**运载火箭:**“土星”5号

1969年，美国在做了一系列准备之后，决定让“阿波罗”11号飞船承担首次载人登月任务，并为了这次飞行任务的顺利完成，挑选了3名最棒的宇航员——阿姆斯特朗、奥尔德林和柯林斯。

1969年，美国在做了一系列准备之后，决定让“阿波罗”11号飞船承担首次载人登月任务。为了这次飞行任务的顺利完成，美国宇航局从50名现役宇航员中挑选了3名最棒的宇航员——阿姆斯特朗、奥尔德林和柯林斯。这3位宇航员奔月启程的日子定在了1969年7月16日。

1969年7月16日五点半，当3位即将登月的宇航员身穿航天服出现在发射场时，成千上万的人从四面八方赶到肯尼迪发射场观看这次轰动全球的登月发射。特邀客人有美国国会成员、各国大使和各国的新文者。中午12点32分，随着“点火”令下，一团浓烈的烟雾在火箭的尾部从平台下云涌而出，接着从发动机内喷射出闪耀刺目的火舌。3817吨重的飞行器努力克服地心引力腾空而起，穿云拨雾作弧形直冲九霄外。此时，尼克松总统也在华盛顿的电视机旁观看这一壮丽又令人惊异的场景。随后他宣布，4天之后为月球探险全国庆祝日并放假1天。

□“阿波罗”11号飞船的宇航员合影

1969年7月19日正午，飞船进入月球轨道。在绕月

□“阿波罗”11号抵达月球表面

飞行的第13圈，飞船开始进入降落程序。当发动机点火时，阿姆斯特朗的心率从每分钟77次一下子升到111次。当两名宇航员迫近目标时，他们突然发现一个骇人的危险：预定的着陆点竟是一个大坑，里面散布着巨石。阿姆斯特朗马上抓住操纵杆，花了大约19秒钟时间，驾驶登月舱避开大坑并安全着陆在离预定着陆点6.44千米远的地方。此时阿姆斯特朗的心率是每分钟156次。如果这次飞船不是有人驾驶，而是一艘无人驾驶的自动飞行器，那么很可能就会像苏联的“月球-15”一样坠毁了。不同的结局充分表明载人航天的优越性。着陆之后，宇航员立刻对舱内系统进行检查，以便在发现威胁他们安全的隐患时迅速从月球起飞，紧急返回地球。1969年7月20日下午10点56分，阿姆斯特朗身背救生背包走下登月舱的扶梯，在月球土壤上印下了人类第一个脚印。这时他说了一句极富哲理又非常著名的话：“对于一个人来说这只是小步，但对于整个人类来说，这是跨出了一大步。”18分钟后，奥尔德林也踏上了月面。

人类终于和月球接触了！对于探险家来说这是许多世纪以来梦寐以求、悠然神往的幻想的实现，而对于科学家来说这是了解月球和地球的起源与性质的最好机会。宇航员开始在1/6地心引力条件下小心翼翼地在月球表面上行走，样子好像梦游者，蹒跚而行。后来他们渐渐放大了胆子，而且发现以比较长的弹跳步伐前进是一种较好的前进方式。于是他们就像袋鼠般跳跃。

人们通常用最美好的语言赞美月亮。说她洁白如玉，温柔安详。然而亲临其境的宇航员所看到的却是一种广大、寂寞和贫瘠的景象。这里既没有嫦娥玉兔，也没有吴刚桂树，到处是粗石、细沙、高地、坑穴、断层、幽谷，千疮百孔、满目瘢疤。这里单调死寂，没有空气，也没有生命。月球上没有空气，这也造成了奇特的效果。因为没有空气传导声波，宇航员除了无线电话机上的讲话声和噼啪声以及自己的呼吸声和动作发出的响声外，什么也听不到。月球上的天空没有颜色——白天夜间都是黑洞洞的。黑色天空中的星光比从地球上看见的要亮得多，而且不闪烁。

由于没有空气调节，月球表面上的温度在白天高于地球上的沸点温度，而在夜晚则冷到能使寒暑表里的水银冻结。因为月球自转较慢，月球上的白天和夜间大约是地球上相应时间的两倍。因没有空气的阻挡，月球表面上的辐射剂量要比地球上大得多。两名宇航员在月球表面上一共行走了两个多小时，安放了科学仪器，收集了月球土壤和岩石的样品，在月面上插了一面美国国旗。预定计划完成之后，他们乘登月舱起飞上升，与始终在指挥舱内等待他们的柯林斯会合。

“阿波罗”11 号及与之相依为命的航天勇士们经过 8 天 3 小时 17 分 22 秒的远航之后，顺利返回地球，溅落在太平洋上。为了打捞他们，美国当局派出了将近 7000 名海军人员、9 艘船只、54 架飞机。甚至连尼克松总统都亲自来到主打捞舰“大黄蜂”号上迎接美国人的骄子和勇士们。

“阿波罗”11 号以高度的精确性进行了首次载人登月着陆。所有系统性能良好，工作准确无误，几乎达到了尽善尽美的程度。人类首次伟大的登月探险，圆满成功了！许多国家为庆祝第一次载人登月都发行了纪念邮票或纪念币，而每年的 7 月 20 日也成为“人类月球日”。

知识链接

重返月球计划

人类对月球的探索仍未止步，目前美国提出重返月球计划，特别是许多科学家提出建立月球基地的设想后，再次登月和开发月球资源的活动变得更加迫切。从 20 世纪 90 年代开始，美国一直在发射月球探测器，争取为早日返月做准备。

“月球”9号首闯月宫

科普档案 ●**航天任务:**月球表面软着陆 ●**飞船:**“月球”9号 ●**发射时间:**1966年1月31日

“月球”9号是世界上第一颗在月球上成功实现软着陆的月球探测器，于1966年1月31日由苏联发射。它经过79小时的长途飞行之后，于2月3日在月球的风暴洋附近着陆，用摄像机拍摄了月面照片。

1958年8月17日，美国第一个发射了月球探测器——“先驱者”0号，但它在发射台上就爆炸了。一个多月后，苏联的第一次尝试也以失败告终。1959年1月2日，“月球”1号终于发射成功。此后的十多年时间里，苏联共发射了24个“月球”号探测器，经历了飞越、硬着陆、环绕、软着陆和取样返回等探测阶段。其中，“月球”9号是第一颗在月球上成功实现软着陆的月球探测器。

月面软着陆是探月工程中最难解决的技术问题之一。所谓“软着陆”，是指航天器在降落过程中，逐渐降低降落速度，最后不受损坏地降落到地面或其他星体表面上。在20世纪60年代，要准确控制软着陆的过程是极具挑战性的。1963～1965年，苏联先后进行了12次软着陆尝试，但均以失败告终，其中有5次飞临月球，苏联依次把它们命名为“月球”4号至“月球”8号。这5颗着陆器中的3颗撞毁在月球上，两颗与月球擦肩而过。1965年5月升空的“月球”5号，在准备降落的最后阶段，制动火箭没能启动，地面控制室里的科学家们听着它发出的信号，无奈地任它以极大的速

□ “先驱者”0号

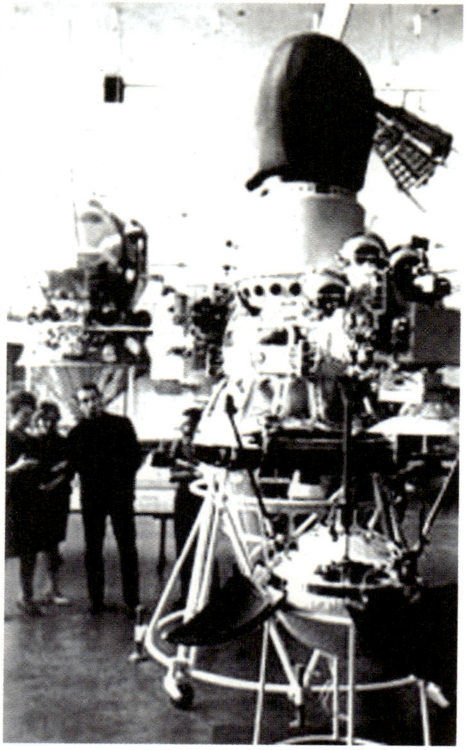

□“月球”9号

□“月球”9号是第一个成功在月球着陆的探测器

度撞进月球。据说,德国的一个天文台看到撞击扬起的月壤形成了长225千米、宽85千米的尘云。接踵而至的是不幸的“月球”6号,它在奔向月球的途中完成轨道修正后,没有按预定程序关闭修正轨道的发动机,最终与月球失之交臂,进入了日心轨道。重蹈覆辙的“月球”7号起初准确无误地完成了所有步骤,但最后阶段因制动火箭点火过早,推进剂提前消耗殆尽,探测器过早失去制动力而撞毁在月球的风暴洋中。两个月后发射的“月球”8号与“月球”7号正好相反,制动火箭启动太迟,“月球”8号尚未降低到安全着陆速度就摔在月面上,再一次上演与月球相撞的悲剧。

1966年1月31日,“月球”9号满载着希望启程。伴随着震耳欲聋的轰鸣声,“闪电号”运载火箭将“月球”9号送入200千米左右的地球停泊轨道。不久后经“闪电号”火箭第三级加速,“月球”9号进入地月转移轨道。3天半之后,“月球”9号临近月球,在大约距离月球8300千米时,进行了姿态调整,将制动火箭发动机对准月球表面,然后启动着陆系统程序。在距离月球表面75千米时,“月球”9号抛掉两个设备舱,随即启动制动火箭发动机,为安全着陆进行“刹车”,从2600米/秒的高速逐渐降低下降速度,同时从底部伸出一根用来确定关闭发动机时机的5米长探针。在探针触到月球表面的瞬间,“月球”9号迅速关闭发动机,并抛出位于顶部的卵形着陆舱，最终以 5.5～6.0 米 / 秒的速度撞到月球表面上。

带有缓冲装置的着陆舱被抛出后，像一个笨拙的玩具，在月球表面弹起又落下。着陆后 250 秒，“月球”9 号向地球发送信号并打开了顶部的 4 片花瓣。这 4 片花瓣除了可以稳定住登月舱外，还可以与 4 根 75 厘米长的鞭形天线一起组成通信系统。之后，由固定镜头和旋转镜头组成的电视摄像机组件开始拍摄着陆区附近的黑白照片。因为此时的太阳才刚刚从月球上的地平线升起，所以开始时的几张照片拍得很不理想。15 分钟后拍下的第一张黑白照片在 8 个多小时后终于分 7 次被传回到了地球。

苏联通过对“月球”9 号传回的数据分析而得出结论，月球表面是坚固的，人类完全可以降落在月球上。

知识链接

孙卫星

月球是地球的卫星，而围绕月球的人造天体，有的人把它叫作孙卫星。继“月球”9 号月球表面软着陆成功以后，苏联的“月球”10 号于 1966 年 4 月进入轨道，成为历史上第一颗孙卫星。

太空握手

科普档案 ●**航天任务：**苏美两国飞船对接 ●**飞船：**美“阿波罗”18号，苏“联盟”19号

人类进入航天时代不久，美国和苏联就开始了太空领域的早期合作。1972年4月5日，两国专家达成了太空合作的17点协议，实现了“地球上的握手”，为3年后两国宇航员在太空实现“轨道上的握手”奠定了基础。

握手是人们见面或分别时的一种礼节性举动。人们在地面上握手非常简单，只要彼此把手伸向对方，握在一起就行了。可是要想让两艘宇宙飞船在太空“握手”就不那么容易了，而要实现美苏两国飞船的“握手”更是难上加难。因为两个国载人航天技术在其发展过程中不仅高度保密，而且各行其是，没有一个统一的标准，这给飞船联合飞行带来很大障碍。为了排除这些障碍，1972年5月到1975年7月，两国专家先后会面20多次，共同进行了11项试验，先后解决了两种飞船5个方面的相容性问题。

为使飞船对接，首先必须使它们能够在太空中彼此找到对方，并测出相互间的距离。虽然“联盟”号和“阿波罗”号飞船的测距与交会装置原理相同，但它们的特点和操作方法却存在很大差别。为了节省时间，专家们没有重新研制这种系统，而是让“阿波罗”号飞船保持不变，仅修改了“联盟”号飞船的设计。由于“联盟”号飞船的光学特性不符合“阿波罗”号飞船的要求，必须把它的外表变成乳白色，但是这样将打乱飞船内部的温度条件，最后专家们决定把“联盟”号漆成部分白色加部分绿色，同时还在“联盟”号装上了白色闪光灯。经过这样的改动后，“阿波罗”号飞船的宇航员能够比较容易地发现“联盟”号飞船。

专家们需要解决的第二个问题是对接装置的相容性问题。为了研制一种新的对接装置，美苏两国专家们分别举行了10次会议，最后采纳了苏联

□“阿波罗”18号和“联盟”19号飞船

专家提出的环—瓣结构。对美国来说，这种结构好是好，但必须对“阿波罗”飞船进行“伤筋动骨”的修改。为了避免花费时间和金钱再进行大量试验，美国专家特地制造了一套专门用于对接的密封过渡舱。它的一端采用美国原有的对接形式，与“阿波罗”飞船指令舱顶端连在一起；另一端采用新的环—瓣结构，用于与“联盟”号飞船对接。

对接密封过渡舱的研制成功，同时解决了令专家们头痛的另一个问题。长期以来，为了保障宇航员的生命，“联盟”号座舱一直充填氮氧混合气体，而美国充填的却是纯氧气体。有了密封过渡舱，生命保障系统的相容性问题得到了解决。为了不让宇航员从“联盟”号进入“阿波罗”号飞船前在过渡舱待太长时间，苏联专家克服了技术上的许多困难，特地使“联盟”号的气压降低了1/3。苏联的这一友好合作举动，不仅使美国专家简化了对接装置，节约了制造费用，还为两国宇航员的互访提供了更多时间。除此之外，还先后解决了通信和飞行控制与组织机构和飞行程序两大相容性问题，并完成了6次共计700小时的宇航员训练，以及6次飞行控制人员的训练。

参与“太空握手”的两艘飞船分别命名为“阿波罗”18号和“联盟”19号飞船。1975年7月15日，苏联拜科努尔发射场迎来了繁忙的一天。格林尼治时间12时20分，一枚巨大的“联盟”号火箭载着“联盟”19号飞船从发射台上腾空而起。与以往进行的许多次发射不同，苏联电视台对这次发射进行了现场直播，有1亿多苏联人从电视屏幕上看到了“联盟”号火箭喷着烈焰和浓烟拔地而起的情景。另外，美国驻苏联大使和美国宇航局副局长还被允许在发射场地观看这次特殊的太空飞行。

“联盟”19号升空7个半小时以后，一枚美国的“土星”1B型火箭从肯尼迪航天中心将“阿波罗”18号飞船送入太空。在此后两天多的时间里，“联盟”19号和“阿波罗”18号两艘飞船按照联合飞行文件规定的程序正常飞行，等待对接时刻的到来。

经过51小时49分钟的飞行后，“阿波罗”18号和“联盟”19号在漆黑的太空中缓缓驶向对方，最后成功地实现了对接，像两只大手一样紧紧地握在一起。接着，两国宇航员开始互访。当对接过渡舱的舱门一打开，两位飞船指令长——列昂诺夫和斯坦福德的手就热烈地握在一起。列昂诺夫用英语对斯坦福德说：“很高兴见到您。”全世界的电视观众都兴奋地看到了这一具有历史意义的画面。

在第一次历时10小时的互访中，两国宇航员相互交换了国旗，并收到了苏联领导人勃列日涅夫发来的贺电。1975年7月18日，即第一次互访后的第二天，两国宇航员开始第二次互访。当飞船飞经苏联伏尔加格勒上空时，苏联宇航员库巴索夫面对电视摄像机，向美国宇航员布兰德回顾了第二次世界大战期间，苏联红军在这里与德国法西斯进行的战斗。互访快结束时，斯坦福德向苏联观众转达了美国人民的良好祝愿。此后，两国宇航员又进行了两次互访，他们像一个友好大家庭的成员一样，一起进行科学实验，一起表演电视节目，一起回答两国新闻记者提出的问题。两国宇航员联合进行的科学实验有人造日食实验、带状菌生物节律实验、微生物交换实验和紫外线吸收实验等。经过6天飞行后，“阿波罗”18号和“联盟”19号飞船彼此松开了紧握在一起的“手”，带着32项令人满意的科学实验结果满载而归。

美苏两国这次“太空握手”缓和了长期以来两国间你争我夺的太空竞赛，得到了全世界的赞誉。20年后，1995年6月29日至7月4日，美国“亚特兰蒂斯”号航天飞机进入轨道开始追逐俄罗斯“和平”号空间站，经过41

个小时飞行进入对接距离之内。当距离缩短到 82 米时，“亚特兰蒂斯”号驾驶员操纵航天飞机以 3 厘米 / 秒的速度慢慢靠近“和平”号空间站的对接处，不久，这两个以相对于地面 2.8 万千米 / 小时速度运行的航天器对接成功。这次“太空握手”与 20 年前相比，规模大、时间长，而且合作的项目更多。它促进了国际航天站的建立，推动了航天技术的发展。

知识链接

航天器对接

航天器对接是指受控航天器通过对接装置与另一航天器相互接触，并通过对接机构将二者连接为一个整体的过程。人们掌握了这项技术，就可以把巨大而沉重的物体分批送入太空，再组装起来，像搭积木一样把一个个的舱体组合成一个大的整体。

“阿丽亚娜”勇闯宇宙

科普档案 ●**运载火箭**：阿丽亚娜系列●**研制机构**：欧洲空间局●**首发时间**：1979年12月24日

“阿丽亚娜”系列运载火箭是欧洲空间局自行研制的，作为欧洲联盟各国或其他国家进行空间活动的一次性使用运载系统，此火箭名称来自神话人物阿丽亚娜。

众所周知，人类历史上的第一枚现代运载火箭是在1957年由苏联发射成功的。它把世界上第一颗人造地球卫星送入了太空，从此为人类发展航天运输和空间应用技术开了先河。在欧洲，虽然德国的V-2火箭被公认为是后来人类现代运载火箭和洲际弹道导弹发展的雏形，但第二次世界大战结束后，德国作为战败国，这项技术不仅被迫搁置，而且美国还从德国掠走了大量的火箭部件和技术设计人员，从而壮大了本国的火箭技术开发实力。由于历史政治原因，欧洲一直没有大规模发展航天运输技术。1973年7月，由法国倡议，联合西欧11个国家成立了欧洲空间局，开始联合投资研制运载火箭，他们把火箭命名为——阿丽亚娜。

□1979年12月24日，第一枚“阿丽亚娜”1型火箭发射成功

阿丽亚娜是古希腊神话中的一个人物。传说在地中海克里特岛上，有一座地下迷宫，里面住着一个长着牛头人身的怪物，每年人们都要从雅典向迷宫内敬献15对童男童女，供这个怪物享用。国王米诺斯的公主阿丽亚娜，是一位美丽善良的姑娘，为

了保护她不受怪物的伤害，国王赏赐给她一把护身魔刀，修建迷宫的工匠也特意送给她一卷走出迷宫的线团。雅典王子塞休斯是位英俊勇敢的青年，他装扮成童男随进贡队伍来到克里特岛，决心除掉迷宫中的怪物，解救雅典人民的苦难。阿丽亚娜公主见到塞休斯王子后，晚上悄悄来到塞休斯的住处，把魔刀和线团交给他，并向他表达自己坚贞的爱情。塞休斯进入迷宫后，把线团的一头拴在迷宫的大门上，然后放开线团，一路打入迷宫，用魔刀杀死了怪物，又顺着线团走出迷宫，同正在等待他的阿丽亚娜一起，逃离了苦海。阿丽亚娜作为战胜魔怪的象征，经过几千年之后，成为征服宇宙迷宫的欧洲运载火箭之名。

□ “阿丽亚娜”5型火箭

“阿丽亚娜”火箭的总设计师是法国科学家弗雷德里克·达莱。他于1966年进入法国空间研究中心工作。从此，他的生活与欧洲火箭的发展紧密地联系在了一起，1970年后成为“阿丽亚娜”火箭计划的负责人，承担这种火箭的技术设计和研制任务。在他的领导下，经过6年的努力，攻克了一系列技术难关。1979年12月24日，第一枚“阿丽亚娜”1型火箭从南美洲圭亚那的库鲁航天中心发射上天，终于冲出宇宙迷宫，开辟了欧洲联合自强通向太空的道路。

与其他国家运载火箭的不同之处在于，“阿丽亚娜”运载火箭主要用于发射商业有效载荷。进入20世纪80年代以后，国际商业卫星发射市场呈现了供不应求的局面。为此，欧洲空间局又在“阿丽亚娜”1型运载火箭基础上陆续研制了“阿丽亚娜”2型、“阿丽亚娜”3型、“阿丽亚娜”4型运载火箭。1987年11月，欧洲空间局部长级会议正式批准研制“阿丽亚娜”5型大型运载火箭。

1996年6月4日，法属圭亚那库鲁航天中心，直径5.4米、高约50米的银灰色巨箭昂首矗立在一个巨大的发射平台上，这就是有名的“阿丽亚娜”5型运载火箭。它是在6月3日清晨由总装厂房转送到发射区的，当时，四周可通行的道路全部被封锁，直升机在空中巡逻保安。“阿丽亚娜”5型火箭起飞前的几个钟头，先是凌晨下了大雨，后来又转为多云加小雨。到上午8点30分左右，仍无法发射，地面控制中心的大屏幕上一直有两个红条，分别表明天气和气象条件均不具备。9点27分左右，大屏幕上出现了绿条，表明发射时机成熟，此时发射进入倒计时。9时33分59秒，一团白色的蒸汽和耀眼的光芒出现，接着带有两个助推火箭的“阿丽亚娜”5型火箭携着4颗卫星，拖着一条长长的火焰，缓缓升起，扶摇直上，向高空飞进。观看的群众沸腾了，掌声不断，人们的脸上洋溢着胜利的微笑。起飞37秒后，忽然，火箭头部一低，随即发生了爆炸；接着41秒后，助推火箭也发生了爆炸，火箭与卫星的碎片变成一个个火球向下溅落。人们惊呆了，不少人禁不住流下了眼泪。就这样，耗资71亿美元、牵动十几个国家、涉及数万名技术人员、3000多个日日夜夜心血的“阿丽亚娜”，在短短几秒钟内化成了泡影。虽然首次发射不幸失败，但为以后的研制工作积累了丰富的经验。1997年10月30日，“阿丽亚娜”5型运载火箭进行第二次鉴定发射时，终于获得了成功。

“阿丽亚娜”5型运载火箭是目前世界上运载能力最大的商用运载火箭。它只有50米高，却重达750吨。当进行单星发射任务时，它可以把6500千克的有效载荷送入地球同步转移轨道，而进行双星发射任务时，可以把6000千克的有效载荷送入相同的轨道。由于目前世界上最大的商业通信卫星质量不超过5.5吨，而大部分商业通信卫星的质量介于2.5～4吨之间，因而“阿丽亚娜”5型运载火箭不仅具有发射世界上最大的高轨道商业通信卫星的能力，还具有一箭发射两颗较大高轨道卫星的能力，这样可以大大降低用户的发射成本。

“阿丽亚娜”系列火箭的成功，是欧洲联合自强的一个象征，目前世界商业卫星的发射业务大约50%由“阿丽亚娜”火箭承担。

知识链接

欧洲空间局

欧洲空间局正式成员国有比利时、丹麦、法国、德国、爱尔兰、意大利、荷兰、西班牙、瑞典、瑞士和英国，非正式成员国有奥地利和挪威。加拿大为观察员。欧洲空间局在1979年后成功地发射了几十颗人造地球卫星，并与美国联合研制了可供多次使用的载人航天器“空间实验室”。目前，欧洲空间局正在积极推行航天飞机和太空站计划。

卫星的回家路

科普档案 ●**航天技术**：卫星回收 ●**掌握国家**：中国、美国、俄罗斯

侦察卫星、科学实验卫星发射入轨之后，还需要将获得的情报、携带的实验品送回到地面。因此，要想让已经飞上太空的卫星“回家”，就需要掌握一种更为复杂的技术——卫星回收技术。

通信、导航、气象等卫星在发射入轨之后，便会自始至终飞行在太空中，但侦察卫星、科学实验卫星就不一样了，它们需要将获得的情报、携带的实验品送回到地面。要想让已经飞上太空的卫星“回家”，需要掌握一种比卫星发射更为复杂的技术——卫星回收技术。

回收卫星需要解决四大技术难题：第一，卫星返回之前先要调整飞行状态，即脱离原来的运行轨道。卫星脱离原有轨道的速度叫作再入速度。再入速度与地平线所形成的俯角称为“再入角”。卫星重返地球对再入角的要求十分严格，一般在3～5度。如果太大，卫星将会陡直地进入大气层，引起较大的空气阻力和摩擦发热；如果太小，则卫星将仍在原轨道上运行，再入速度与再入角都靠一支小型助推火箭来控制。火箭的点火时间、推力方向、推力大小与时间长短都会影响到

□1975年11月26日，“长征”2号火箭成功发射返回式遥感卫星

再入速度和再入角的准确度。这就要求有灵敏而可靠的火箭制动发动机。第二，卫星在降落过程中，要摩擦生热。尤其是当它降到离地面60～70千米时，与大气层摩擦产生大量的热能，使其表面发生燃烧。为此，必须采用适当的防热设施，来保证回收舱在再入大气层时能够维持内部的正常温度，这就需要有特殊的耐高温材料。第三，卫星返回地面需要很长的运行区间，必须不间断地对卫星进行精确测量和全程跟踪，并根据实测轨道参数对卫星的程序控制数据进行必要的控制和管理，为此就要建立更大范围、更多功能的地面测控网。第四，卫星降落到离地面10～20千米时，尽管速度已经大大减小，但仍然达到200米/秒左右。如果以这样的速度撞击地面，卫星必然粉身碎骨。因此，必须使用减速伞来再次降低速度。通常先要打开一顶较小的副伞，初步减速；当卫星降落到离地面只有5千米的高度时，再打开主伞，使卫星速度小于10米/秒。降落伞的打开必须非常准时，否则卫星就不能够安全着陆。

□返回式卫星成功返回的情景

早在20世纪50年代末，美国和苏联在突破卫星发射技术后，就开始探索卫星返回技术。中国返回式卫星的研制工作是从1966年开始的。在攻克了卫星姿态控制技术、卫星再入防热技术和卫星回收技术等一道道难关后，1975年11月26日，中国第一颗返回式卫星终于由“长征”2号运载火箭发射成功。它在轨道上运行了3天，11月29日按预定时间返回了中国大地。一年之后，1976年12月7日，中国第二颗返回式卫星升空，当它绕地球飞行到第47圈时，地面遥控站发出姿态调整指令，返回舱和仪器舱顺利解锁分离，制动火箭点火，返回舱按预定轨道踏上返回地面的旅途。再入大气层后，控制器依次发出弹射引导罩、减速伞分离、打开主伞等信号，最后在四川境内预定落区回收。

返回式卫星的成功使中国成为继美、苏之后世界上第三个掌握返回式卫星技术的国家。这项技术在当时可以说是一道世界难题，就是在今天掌握它的国家也寥寥无几。为此，美国曾耗费了 12 颗卫星失败的高昂代价，苏联也同样支付了 13 颗卫星的学费，相较之下，中国则少得多。

知识链接

返回式卫星

我国已成功发射并回收了 20 多颗返回式卫星，在资源调查、地图测绘、地质调查、铁路选线和考古研究等方面获得了丰富的资料。同时，这些返回式卫星还为国内外用户进行了 100 多项微重力和空间环境条件下的材料、生命科学实验以及农作物种子搭载等试验，均取得了可喜成果。

“暴风雪”计划的终结

科普档案	●航天计划:“暴风雪”穿梭机计划	●实施时间:1980 年	●终止时间:2002 年

美国的航天飞机问世以后，苏联当局将这一新型航天器视为未来美国搭载核武器的工具，他们决定对这种“威胁”做出回应。不久便制订了“暴风雪”计划。

美国的航天飞机问世以后，苏联当局将这一新型航天器视为未来美国搭载核武器的工具，于是他们决定对这种“威胁”做出回应。不久后，苏联制订了“暴风雪”计划，开始研制自己的太空梭——“暴风雪”号航天飞机。

1980 年，“暴风雪”号航天飞机的建造工作正式开始。这种航天飞机的大小与普通大型客机相差无几，外形同美国航天飞机相仿，机翼呈三角形。机长 36 米、高 16 米，翼展 24 米，机身直径 5.6 米，起飞重量 105 吨，返回后着陆重量为 82 吨。它有一个长 18.3 米、直径 4.7 米的大型货舱，能把 30 吨货物送上近地轨道，将 20 吨货物运回地面。头部有一容积 70 立方米的乘员座舱，可乘 10 人，设计飞行寿命 100 次。

作为冷战时代美苏争霸的产物，“暴风雪” 号凝聚的是最先进的技术，在很多方面还优于美国的航天飞机。首先，“暴风雪”号的主发动机不是装在航天飞机尾部，而是安装在“能源”号火箭上，这样就大大减轻了航天飞机的入轨重量，同时能腾出位置安装小型机动飞行发动机和减速制动伞。其次，“暴风雪”号着陆时，可用尾部的小型发动机做有动力的机动飞行，安全准确地降落在狭长的跑道上，万一着陆失败，还可以将航天飞机升起来进行第二次着陆，从而提

□ “暴风雪” 号航天飞机

高了可靠性。而美国航天飞机靠无动力滑翔着陆只能要求一次性成功。最后，“暴风雪”号能像普通飞机那样借助副翼、操纵舵和空气制动器来控制在大气层内滑行，还备有减速制动伞，在降落滑跑过程中当速度减慢到每小时 50 千米时自动弹出，使航天飞机在较短距离内停下来。

1988 年 11 月 15 日莫斯科时间清晨 6 点整，“暴风雪”号航天飞机从拜科努尔航天中心首次发射升空，47 分钟后进入距地面 250 千米的圆形轨道。它绕地球飞行两圈，在太空遨游 3 小时后，按预定计划于 9 点 25 分安全返航，准确降落在离发射地点 12 千米外的混凝土跑道上，完成了一次无人驾驶的试验飞行。

“暴风雪”号的成功首飞给各国带来了很大影响，人们期待着它能够早日做载人飞行。按原计划，第二架航天飞机将于 1991 年首飞，第三架则是在 1992 年建造完成，而首次载人飞行将在 1994 年到 1995 年进行。但由于政治和经济原因，这一切都没有实现。苏联解体后，昔日的计划更是彻底失去了经济支持。1991 年，苏联军方停止了对该计划的拨款支持。1993 年，“暴风雪”号航天飞机机身的设计者被迫承认，“暴风雪”计划就此结束。此后，“暴风雪”号航天飞机没有再进行过太空飞行。所有航天飞机只能存放在库房中，任灰尘飞扬，仪器老化。而未完工的两架则已在 20 世纪 90 年代中期被拆解。2002 年，“暴风雪”号航天飞机中可以飞行的一架连同“能源”号火箭一道，因拜科努尔的厂房坍塌而被摧毁。至此，“暴风雪”计划在凄凉惨淡中彻底终结。

知识链接

重型运输火箭与大型运输机

为了发射“暴风雪”号航天飞机，苏联专门研制了被称为“运输火箭之王”的“能源”号重型运输火箭。此外，为解决“暴风雪”号的运输问题，他们还专门设计了“梦幻”大型运输机。这是目前已有的体积最大、载重能力最强的飞机，迄今只生产了两架。

“挑战者”号罹难

科普档案 ●**航天事件**:“挑战者”号航天飞机爆炸 ●**时间**:1986年1月28日上午

1986年1月28日，美国第二架航天飞机“挑战者”号在进行第十次飞行时，上升空70多秒后发生爆炸，价值12亿美元的航天飞机化作碎片，坠入大西洋，7名机组人员全部遇难。

1986年1月28日,美国第二架航天飞机“挑战者”号在进行第十次飞行时,上升空70多秒后发生爆炸,价值12亿美元的航天飞机化作碎片,坠入大西洋,7名机组人员全部遇难,造成了世界航天史上最大的惨剧。

“挑战者”号是美国第二架上天飞行的航天飞机。它也是由轨道飞行器、外挂燃料贮箱和固体火箭助推器3部分组成。轨道飞行器形状酷似普通飞机,机身长37米,翼展24米,头部是密封的乘员座舱,机身就是货舱,一次可向太空载送20吨货物,运回10吨物品。货舱里装有机械臂,可将货物送入太空,或把空间的飞行物体抓住收回货舱。尾部是3台主发动机。外挂燃料贮箱重35吨,长47米,最大直径8.4米。它在航天飞机脱离地球引力进入轨道后,燃料用完即同轨道飞行器分离,坠入大气层中烧毁。两枚固体燃料每枚长45.5米,

□“挑战者”号腾空而起的瞬间

□“挑战者”号航天飞机机组成员合影

□克里斯塔·麦考利芙

直径3.6米；火箭分4节，由177颗钢钉铆合在一起。

1986年1月28日，7名宇航员搭乘“挑战者”号航天飞机进行它的第11次航天飞行。11点38分，“挑战者”号发射升空，直冲云霄。7秒钟时，飞机翻转；16秒钟时，机身背向地面，机腹朝天完成转变角度；24秒时，主发动机推力降至预定功率的94%；42秒时，主发动机按计划再减低到预定功率的65%，以避免航天飞机穿过高空湍流区时由于外壳过热解体。这时，一切正常，航速已达每秒677米，高度8000米。50秒钟时，地面曾有人发现航天飞机右侧固体助推器侧部冒出一丝丝白烟，但是这个现象没有引起人们的注意。52秒时，地面指挥中心通知“挑战者”号上的指令长将发动机恢复全速。59秒时，高度10000米，主发动机已全速工作，助推器已燃烧了近450吨固体燃料。此时，地面控制中心和航天飞机上的计算机上显示的各种数据都未见任何异常。第72秒时，高度16600米，航天飞机突然闪出一团亮光，外挂燃料箱凌空爆炸，航天飞机被炸得粉碎，与地面的通信猝然中断，监控中心屏幕上的数据陡然全部消失。“挑战者”号变成了一团大火，两枚失去控制的固体助推火箭脱离火球，呈V字形喷着火焰向前飞去，眼看要掉入人口稠密的陆地，航天中心负责安全的军官眼疾手快，在第100秒时，通过遥控装置将它们引爆了。

“挑战者”号失事了！它爆炸后的碎片散落了1小时之久，价值12亿美元的航天飞机化为乌有，7名机组人员全部遇难。在这7名宇航员中，有两名女宇航员。最引人注目的是一名中学女教师麦考利芙，她是从1万多名报考应征的教师中严格挑选的，准备在“挑战者”号进入第4天飞行时，在太空向地面的学生讲两堂课，每堂15分钟，以此标志航天飞机走向更为实用的阶段。不幸由于这次意外事故而使空中课堂的计划未能实现，麦考利芙作为一名教师以身殉职。在美国新罕布什尔州的康科德中学，当学生们从电视上看到“挑战者”号载着他们的老师飞向太空时，兴奋得欢呼起来。然而不久，面对“挑战者”号突然爆炸的画面，学生们不禁目瞪口呆，继而失声痛哭。

在“挑战者”号爆炸之前，苏联和美国的宇航员也曾因意外事故而牺牲，但这并没有影响人类的宇航活动，因为人类对未知领域探索的步伐永远不会停止！

知识链接

“挑战者”号爆炸原因

“挑战者”号失事后，美国组织了大规模的调查，同时出动飞机和舰只封锁海面，打捞残骸碎片。在3个月时间里，一共寻找到4000多块残骸碎片，占“挑战者”号整个机体的30%。经分析，“挑战者”号爆炸是右侧固体火箭助推器连接处因设计上的缺陷和气温过低、密封垫圈失效造成的。

“奋进”号太空作业

科普档案	●航天飞机:“奋进”号	●研制机构:美国宇航局	●首飞时间:1992 年 5 月 7 日

“奋进”号航天飞机是美国宇航局第五架实际执行太空飞行任务，也是最新的一架航天飞机。首次飞行在 1992 年 5 月 7 日，负责的任务中有不小比例是作为国际太空站计划的支援。

“挑战者”号航天飞机失事以后，1991 年，美国又投资 20 亿美元研制了一架新的航天飞机。当时美国宇航局向全美各地的中小学生征集新航天飞机的名字，最终这架航天飞机被命名为——“奋进”号。

“奋进”号于 1992 年 5 月 7 日首航。这次飞行的任务之一是修复一颗失控的卫星——“国际通信卫星”6 号。这是一颗 1990 年发射的国际通信卫星，但它并未入轨，而是被扔在了距地面 362 千米的一条无用的轨道上，白白地飘荡了两年。美国“奋进”号航天飞机奉命拯救这颗“生灵”，让它起死回生。

“奋进”号飞近卫星后，一开始，两名宇航员出舱想用一根长 4.5 米的捕获杆捉住卫星，但是稍受触动，卫星就剧烈地晃动、飘飞，两次捕捉都没有成功。1992 年 5 月 13 日，3 名宇航员互成 120 度角排开，围住卫星然后飘到卫星前同时用手抓住卫星，使它稳定以后再用捕获杆卡住卫星，慢慢地将卫星拉回航天飞机的货舱里，徒手捉卫星的整个过程达 1 小时 47 分。后来，宇航员又为这颗卫星安装了一个固体发动机，把它放回了太空。14 日下午，“国际通信卫星”6 号发动机点火，卫星进入了预定轨道，开始执行其为期 10 年的工作使命。为修复这颗卫星，国际卫星组织共花费了 1.53 亿美元。但是，要重新制造一颗卫星再加上发射费用则需 2.7 亿美元，而且还要等两年。这次修复成功，不仅可节省近 1.2 亿美元，而且还将盈利 1.728 亿美元。

1993 年 12 月，“奋进” 号航天飞机再次升空，这次的使命是修复哈勃太空望远镜。

□ “奋进” 号在美国宇航局肯尼迪航天中心等待发射

哈勃太空望远镜是于 1990 年被送入近地轨道的。但两个月后，它的“病症”接连出现，先是镜头出了问题，成了“近视眼”，可以看到 140 亿光年的观测距离缩短为只有 40 亿光年；其次是“颤抖症”，望远镜由于太阳能电池帆板经不起热胀冷缩，出现了颤抖，大约 1 天要颤抖 16 次；最后是“大脑”出了问题，主计算机部分失效。

1993 年 12 月 2 日，美国东部标准时间 4 时 27 分，“奋进”号航天飞机发射成功。6 个小时后，航天飞机的指令长和副驾驶员操纵机上 11 台轨道机动发动机，完成了两次机动飞行，靠近了哈勃望远镜。12 月 4 日，航天飞机上伸出加拿大制造的 15 米长的遥控机械臂，将这个庞然大物抓住，并放在货舱内的可转动专用支架上，修复工作拉开了序幕。

12 月 5 日，宇航员霍夫曼中校、马斯格雷夫博士身着宇航服进入敞开的货舱。霍夫曼用脚上的一个装置将自己的一只脚套在机械臂端的平台上，并打开了望远镜壳体上的一组后舱盖。马斯格雷夫顺着货舱壁的扶手到达维修位置，他把一只脚捆在望远镜内，两人更换了 3 台陀螺速率传感器，并装上了新的安培保险丝。此次活动花了近 8 个小时的时间。第二天，女宇航员桑顿、空军中校艾克斯进行了第二次舱外活动。先是舱内机械臂操纵手——瑞士宇航员尼科利耶空军上尉操纵机械臂将太阳能电池帆板扔掉；再就是两个舱外人员安装上了美国制造的新太阳能电池帆板，采用新伸缩软管式隔热结构，治愈了“颤抖症”，此活动用了近 7 个小时。12 月 7 日，霍夫曼和马斯格雷夫进行了另外 3 次舱外活动。两人密切配合，先将

272千克的相机沿镜内导轨推出，再换上新型相机。这一次也用了近7个小时。12月8日，艾克斯和桑顿为哈勃望远镜主镜装上了新光学系统和计算机。这样，哈勃望远镜的“眼睛”得以复明。这次活动花了6个多小时。12月9日，霍夫曼和马斯格雷夫进行了最后一次舱外活动，他们用7个小时更换了一个太阳能电池帆板驱动装置。到这里，整个哈勃望远镜修复工作告一段落。12月13日，“奋进”号航天飞机在肯尼迪航天中心安全着陆，举世瞩目的空间维修计划全部完成。太空修理哈勃望远镜并为它更换零部件的做法，使人类在太空的活动领域得到了扩展，也使航天飞机的功能得到了充分的发挥。

知识链接

“奋进”号航天飞机

“奋进”号是美国最“年轻”、动力最强的航天飞机。与前几架航天飞机相比，“奋进”号的电子设备有所改进，而且在尾部还增加了一个减速伞，可以缩小着陆后在跑道上滑行的距离。截至2012年9月21日，它已成功升空25次，完成最后一次空中飞行。

中国人的太空长征

科普档案 ●**运载火箭：**长征系列 ●**诞生时间：**1970年4月24日 ●**累计发射次数：**163次

1970年4月24日，我国长征系列运载火箭的老大哥——“长征一号”把我国研制的第一颗人造卫星“东方红一号”送入太空，在此后的几十年时间里，长征系列运载火箭迅速发展，为中国进入太空开始新的“长征”打开了大门。

1970年4月24日，我国第一颗人造卫星“东方红一号”飞上太空，把它送入轨道的是我国长征系列运载火箭的“老大哥”——“长征一号”。在此后的几十年时间里，长征系列运载火箭迅速发展，走过了从常规推进到低温推进、从串联到捆绑、从一箭单星到一箭多星、从发射卫星载荷到发射飞船的技术历程。可以说，长征运载火箭的研制和迅速发展，为中国进入太空开始新的“长征”打开了大门！

我国的运载火箭是在导弹武器的基础上，根据不同卫星发射任务的需要逐步发展起来的。1970年1月30日，我国第一枚中远程导弹飞行试验取得圆满成功。为了配合第一颗人造卫星的研制，决定利用这种导弹的第一、二级并加以改装，再加上新研制的第三级固体燃料火箭，构成我国的第一种运载火箭——“长征一号”。1970年4月24日，“长征一号”成功地将我国的第一颗卫星“东方红一号”送上太空。

□“长征一号”运载火箭

1971年9月，我国第一枚洲际弹道导弹在西北酒泉发射

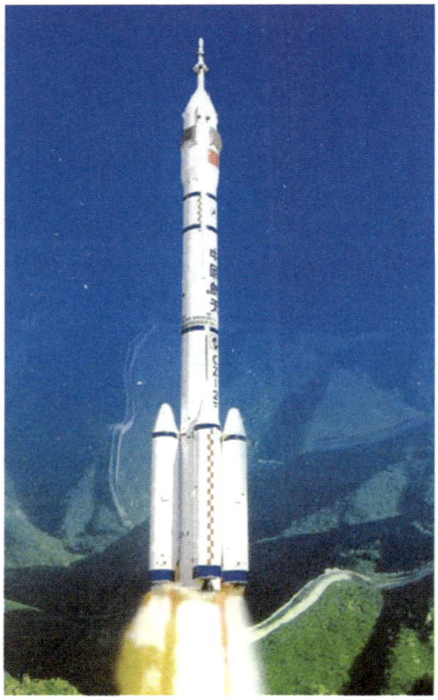

□ “长征二号”

□ “长征三号”

场首次试验成功，为发射重型返回式遥感卫星打下了必要的技术基础。为此，我国的航天专家对洲际弹道火箭进行了适应性的技术修改，研制成功了“长征二号”运载火箭。它于1975年成功完成了返回式卫星的发射任务。

随着我国通信和广播事业的发展，为了满足把通信卫星发送到与地球同步的地球静止轨道的要求，我国的火箭设计师们又把精力倾注到新型的“长征三号”运载火箭上来，突破了许多技术关键，其中最主要的是解决了第三级采用低温高能的液氢液氧发动机和在高空失重条件下发动机二次启动技术的问题。使我国成为继美国、欧洲空间局之后第三个拥有氢氧发动机的国家。液氢液氧推进剂具有高能、低温的特点，液氢的沸点低达−253℃，这给材料、工艺、计量、测试等都带来极大困难。仅为解决低温给材料工艺带来的影响，就进行了29项249次试验。发动机二次启动技术目前世界上只有美国和我国掌握。我国是在纬度较高的地区发射地球同步卫星，因此需要在运载火箭到达高真空失重状态下第二次启动第三级火箭发动机，才能把卫星推上36000千米赤道上空的空间轨道。这两项高难技术的突破，表明我国的运载火箭技术跨入了世界先进行列。

在“长征三号”研制成功后，我国又着手研制“长征四号”。在攻克了一系列技术难关之后，1988年9月7日和1990年9月3日，“长征四号”两次发射我国太阳同步轨道“风云一号”气象卫星均获圆满成功。“长征四号”全长 41.9 米，最大直径 3.35 米，起飞质量 249 吨，起飞推力 300 吨，具有性能优良、结构可靠、成本低廉等特点。由于它配有两种不同直径的卫星整流罩，既可适应不同尺寸的有效载荷的发射需要，也可一箭多星发射，特别是为发射太阳同步轨道卫星和极轨卫星创造了有利条件，从而使我国继“长征三号”之后，又增添了一种具有发射多轨道卫星能力的运载工具。

2016 年 11 月 3 日，我国在文昌航天发射场已成功发射新一代重型运载火箭——“长征五号”重型运载火箭。在它问世后，我国将具备 25 吨的近地轨道运载能力和 12 吨的地球同步轨道运载能力，可发射 20 吨级长期有人照料的空间站、大型太空望远镜、返回式月球探测器、深空探测器和超重型应用卫星，这必将大大推动我国空间应用产业、载人航天技术和天文科学的发展，进一步提高我国在国际航天发射市场上的竞争能力。

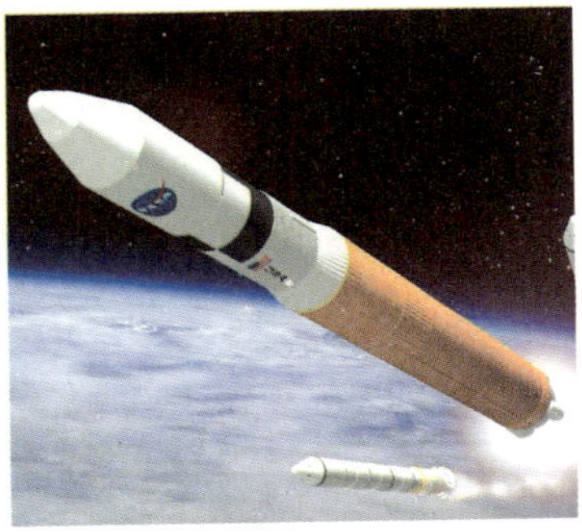

知识链接

“长征六号”运载火箭

2009 年，我国“长征”火箭家族新成员——“长征六号”运载火箭的研制工作也已正式启动。这是一种无毒无污染的新一代运载火箭，有许多新技术是在中国国内首次使用，研制难度很大。“长征六号”于 2013 年 12 月在太原卫星发射中心完成场箭合练。于 2015 年 9 月 20 日点火发射成功。

“亚洲一号”升空记

科普档案 ●**航天事件**:“亚洲一号”升空 ●**运载火箭**:长征三号 ●**实施时间**:1990年4月7日

1990年4月7日北京时间21时30分，我国自行研制的“长征三号”运载火箭，在西昌卫星发射中心成功地将“亚洲一号”卫星送入预定轨道。

1986年1月,美国“挑战者”号航天飞机失事。这一重大挫折,使得原计划由航天飞机发射的部分商用通信卫星业务,转而求助于一次性使用的运载火箭。而恰恰就在这个时候,美国的主要运载火箭和欧洲空间局的“阿丽亚娜”火箭又接连出事,使国际商业卫星一时出现排队等待发射的局面,这为中国进入国际市场提供了难得的良机。1988年,香港亚洲卫星公司购买的“亚洲一号”卫星准备让我国研出的“长征三号”火箭将其送入太空。

“亚洲一号”卫星的前身是美国休斯飞机公司为美国一家通信公司设计制造的地球静止轨道通信卫星。卫星呈圆柱体,直径2.2米,高6.5米,重1.25吨。1984年2月,美国“挑战者”号航天飞机携带该卫星进入太空。这颗卫星在脱离航天飞机后，卫星上的近地点发动机没有按预定计划点火,因而均未能进入预定轨道,卫星发射失败。所幸的是,地面跟踪站监测并计算出了卫星的具体位置,同时发现卫星的状况良好。休斯飞机公司和美国宇航局紧急探讨了回收卫星的可行性，双方一致认为回收这颗卫星是可行的。承保卫星发射的保险商支付了卫星发射失败的保险费之后,拥有了这颗卫星的所有权。在核算了相关费用后,保险商也认为回收这颗卫星在经济上是划算的。于是,保险公司委托休斯飞机公司和美国宇航局共同完成卫星回收任务。1984年11月8日,另一架名为“发现”号的航天飞机发射进入太空,用机械手将这颗卫星抓回货舱。11月16日,“发现”号航天飞机安全返回地面。回收的卫星被运送到休斯公司，由卫星技术专家组做了彻底检查。1985 年 4 月，专家组向保险商提交了一份关于翻新检修及重新发射的建议书。

1988 年 2 月 24 日，亚洲卫星有限公司在香港成立。亚洲卫星公司决定从保险商手中购买这颗卫星，并将其重新命名为“亚洲一号”卫星。卫星的有关技术参数也根据覆盖亚洲地区的要求做了重新调整和更新。

1989 年年初，亚洲卫星公司与中国长城工业公司就“亚洲一号”卫星发射服务合同达成一致，1989 年 1 月 23 日，双方在北京人民大会堂举行了隆重的合同签字仪式。1990 年 2 月 12 日，“亚洲一号”卫星从美国洛杉矶由包机空运到中国西昌卫星发射中心。

1990 年 4 月 7 日，分别从北京和香港出发的两架飞机直飞西昌，来自我国各部门的领导和用户代表、保险公司、设备商及媒体代表等集聚西昌卫星发射中心，共同观摩及见证“亚洲一号”卫星发射的历史时刻。由于气象原因，当晚的两个发射窗口均未能满足发射条件。就在第三个发射窗口，也就是最后一个发射窗口出现后，天空放晴，指挥大厅里传出倒计时的声音，北京时间 21 时 30 分，“长征三号”运载火箭成功地发射了“亚洲一号”卫星。火箭发射升空后，一、二级火箭先后脱落成功，三级火箭相继两次点火，载着“亚洲一号”卫星在太空飞行。三级火箭工作

□“长征三号”火箭将“亚洲一号”卫星成功送入太空

16 分钟以后，星箭分离，卫星进入近地点距地面 200 千米、远地点距地面 36000 多千米的大椭圆轨道，从而成功地把我国首次承揽发射的第一颗国际商务卫星送上了太空。

“亚洲一号”的成功发射标志着我国已正式进入国际航天发射市场。截至 2007 年，我国共进行了 24 次国际商务卫星发射服务，成功地将美、法等国制造的 28 颗卫星送入太空。

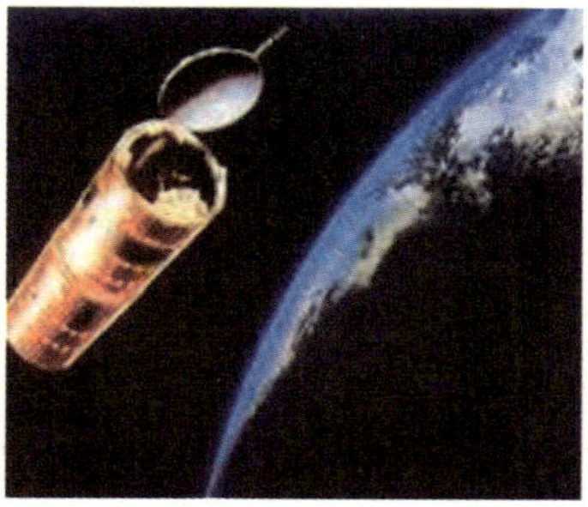

知识链接

“亚洲一号”卫星

“亚洲一号”卫星进入轨道以后，揭开了亚洲地区卫星通信历史的新篇章。它为在北京举行的第 11 届亚运会提供了卫星电视转播服务，我国的广播电视行业自此进入了卫星电视时代。2003 年 4 月，“亚洲一号”卫星在让位于性能更加优异的“亚洲四号”卫星后光荣退役。

“神舟”问天

科普档案 ●**航天事件**：“神舟”飞船成功发射、回收 ●**时间**：1999年11月20～21日

“神舟”一号飞船于1999年11月20日在酒泉卫星发射中心由新型长征运载火箭发射升空，次日凌晨3点41分在内蒙古中部成功着陆。“神舟”飞船的成功发射与回收，标志着我国载人航天技术获得了新的重大突破。

1992年，我国载人航天工程正式立项。航天科技人员仅仅用了7年时间就攻克了三大技术难题——研制大推力火箭、安全返回技术和太空飞行生命保障系统。1999年，验证这一成果的时刻到来了。

1999年11月20日凌晨，在酒泉卫星发射中心新建的载人航天发射场上，高达100多米的发射塔架各层平台陆续打开，露出了运载火箭和试验飞船的雄姿。“长征二号”F运载火箭昂首挺立，顶部安装着我国自行研制的第一艘试验飞船——“神舟”飞船。

6点30分，随着“点火”口令的下达，运载火箭喷出一团红色烈焰，托举着试验飞船，像一条巨型火龙，呼啸着向太空飞去。飞行约10分钟后，飞船与运载火箭成功分离，准确进入预定轨道。这是长征系列运载火箭的第59次飞行，它为我国的航天发射史册增添了新的一页。

在北京航天指挥控制中心，上百台终端微机的显示屏上跳动着令人眼花缭乱的数字；4个大屏幕显示着试验飞船进入太空的运行状态曲线，三维动画把一组组数字变成形象逼真的图像投影于巨幅屏幕上……“神舟”号升空之后，一场探索太空奥秘的科学试验，在距发射场千里之遥的北京航天指挥控制中心展开了。20日6点30分07秒，就在试验飞船进入苍穹的瞬间，描绘着我国西北地区版图和理论弹道曲线的大屏幕上开始出现一个小小的亮点，标示着船箭实际飞行的曲线与理论运行弧线相吻合，开始向

前延伸……来自地面测控站和“远望”号测量船的测控数据，则源源不断地汇聚到指挥控制中心。上百名技术人员目不转睛地监视着荧屏上的一行行流动的数字，飞速敲击着微机键盘。工程技术人员沉稳地按下了发令键，向飞船发出了入轨指令。轨道专家组综合技术人员的计算结果，确定了轨道选优，表明飞船已经进入预定轨道，指控大厅里爆发出一阵阵热烈的掌声。

当地时间 11 月 20 日 18 时，当围绕地球运行了 14 圈的“神舟”号试验飞船飞临南大西洋海域上空时，在南大西洋海域待命的“远望”三号航天测量船及时准确地向飞船发出了返回指令。随后，飞船建立返回姿态，制动发动机点火，飞船从宇宙空间开始返回。与此同时，布阵在太平洋上的“远望”一号、“远望”二号以及在印度洋上的“远望”四号航天测量船已先后完成了各自担负的测控任务。这时海况突然发生变化，海面上翻腾起高达 3 米的涌浪，船舷两侧飞溅起高高的浪花。“远望”三号按任务要求的航线劈波斩浪，昂首前行。

18 点 48 分，广播里传来了北京指挥中心指挥调度员下达的“一分钟准备”的指挥口令。船舶顶部巨大的雷达跟踪测量天线徐徐转动，牢牢指向了“神舟”号试验飞船将要飞出地平的方向。

□1999年11月20日，我国第一艘试验飞船“神舟”一号用“长征二号”F运载火箭发射升空飞行

当北京指挥中心下达的“调姿开始”的调度口令传到船上统一测控系统机房时，显示屏上一串串数字符号在不断跳动，打印机发出有节奏的轻响，有关飞船调姿态、轨道舱分离和返回制动的一系列遥控指令已经顺利地送上了飞船。

18 点 58 分，“远望”三号船圆满完成了“神舟”号试验飞船最后一个圈次的跟踪测控任务。19点41分，当最后一抹晚霞从西方消失的时候，已是北京时间21日凌晨的3时41分，一直在等候飞船着陆的人们，终于盼来了北京指挥中心发布的飞船成功着陆的消息。船上骤然响起的掌声与欢呼声，伴随着阵阵波涛，在大西洋的上空久久回荡。

□1999年11月21日，“神舟”一号在内蒙古安全着陆

北京时间21日凌晨3时多，“神舟”号飞船从无际苍穹犹如被驯服的烈马，脱离原先的轨道、按照航天专家的意愿，向着它的归宿——内蒙古中部地区降落。此刻，内蒙古中部的飞船预定着陆场区，各种测量设备翘首以待，技术人员时刻准备捕获“巡天使者”。“各号注意，飞船进入黑障区。”听到这一口令时，着陆场区所有人的心都缩紧了。此刻，飞船已划过太空，进入距地面只有80千米的大气层，正以每秒约7.5千米的惊人速度与大气层剧烈摩擦，下降至40多千米高度时，船体外部产生等离子壳，形成电磁屏蔽，致使地面与飞船通信暂时中断。

“回收一号发现目标。”前置雷达站的报告打破了片刻的沉默，这表明雷达捕捉到了“神舟”号。“神舟”号在下降，“神舟”号穿过黑障区，回收部队在行动，雷达不停地跟踪着，3架直升机在落区上空盘旋。当“神舟”号距地面还有30千米时，操作员果断地向它发出了打开电源开关的指令。喜讯接踵而来——“减速伞分离”“主伞全开”。3架直升机根据信标信号飞去。“神舟”号距地面越来越近，在约有1.5米的一刹那，只见船载着陆缓冲发动机同时喷出的烈焰，划破夜空，染红了草原，满载着一系列科学试验数据的飞船，稳稳地落在了大地上。至此，我国第一艘试验飞船——“神舟”号，从发射升空到返回地面，共遨游太空21个小时，获得圆满成功。

作为我国航天史上的又一里程碑,“神舟”试验飞船的成功发射与回收，标志着我国载人航天技术获得了新的重大突破。此后的3年里,“神舟”一号至四号无人飞船试验飞行连续获得成功。发射、返回、测控、环境控制……一项项关键技术陆续突破，为我国实施载人航天打下了坚实的基础。不久,“神舟”五号的成功发射为中国载人航天一期工程画上了一个完美的句号。

知识链接

神舟飞船

神舟飞船自问世以来一直在改进，“神舟”一号是实验型飞船，没有搭载其他设备；“神舟”二号是第一艘正样飞船，各种技术状态与载人时基本一样；“神舟”三号增加了部分载人所需设备和保证航天员安全的逃逸救生功能；“神舟”四号在设备配备和技术上已经达到了可以载人的程度；“神舟”五号是我国第一艘载人飞船。

中国宇航员的诞生

科普档案 ●**航天事件**:我国宇航员选拔 ●**首批宇航员人数**:14人 ●**代表人物**:杨利伟

选拔和训练宇航员是一个国家可以独立自主地实施载人航天的重要标志之一。我国的载人飞船工程由七大系统组成，其中宇航员系统的任务便是选拔和训练宇航员。

宇航员是指以太空飞行为职业或进行过太空飞行的人。选拔和训练宇航员是一个国家可以独立自主实施载人航天的重要标志之一。我国的载人飞船工程由七大系统组成，其中宇航员系统的任务便是选拔和训练宇航员。

世界上现在只有美国、俄罗斯和中国3个国家能够独立完成宇航员的训练。美国和俄罗斯的宇航员一般是从具有航空飞行经验的试飞员和优秀的空军歼击机飞行员中挑选出来的。这是因为优秀的飞行员熟悉航空飞行技术和理论,具备了学习航天飞行和航天技术的良好基础,特别是飞行员具有很好的身体素质和心理素质,具有在各种紧急情况下冷静果断处理问题的快速反应能力和应变能力。我国的宇航员也是从空军飞行员中选拔出来的。

1995年10月，我国的预备宇航员选拔领导小组从符合基本条件的空军飞行员中进行宇航员初选。这些基本条件包括:有坚定的意志、献身精神和良好的相容性,身高160～172厘米,体重55～70千克,年龄25～35岁,歼击机、强击机飞行员,累计飞行600小时以上,大专以上学历,飞行成绩优良,无等级事故,无烟酒瘾,最近3年体检均为甲类。首先,根据档案筛选出1506名符合上述基本条件的飞行员。之后,精选出其中的800余人进行系统体检,最终确定60人到北京进行住院临床复查和特殊功能检查,最后

□我国首批宇航员在模拟舱中训练

只有20人过了这一关。之后,又对这20人进行家庭医学查访和直系亲属体检,也全部合格。由于受到预备宇航员的名额限制,还需从这20人中好中选优。经过专家们反复研究和挑选,其中12人成为预备宇航员。此前,为了学习和借鉴俄罗斯宇航员训练的经验,我国曾派两人赴俄罗斯加加林航天中心进行培训。这两人回国后,也加入了预备宇航员队伍。至此,由14名队员组成的中国第一支宇航员队伍登上了历史舞台。

北京航天医学工程研究所专门成立了两个研究室:宇航员选拔训练研究室,负责制定宇航员训练大纲、训练方案和编写训练教材,对宇航员进行训练指导和飞行操作指导;宇航员医学监督和保障研究室,负责宇航员从训练、生活到航天飞行期间,全过程的健康维护、检查、鉴定和治疗。

要完成从飞行员到宇航员的转变,是需要经过千锤百炼的。宇航员的训练项目和内容很多,包括基础理论训练、体质训练、心理训练、航天环境耐力和适应性训练、专业技术训练、飞行程序与任务模拟训练、救生与生存训练七大项目,每一大项里面又包括多项甚至几十项具体项目的训练。14名宇航员虽然都有大专以上学历,但经历过长期的飞行员生活,重新坐下来学习并不是一件轻松的事,加之许多课程非常陌生,困难可想而知。宇航员白天上课,晚上做作业,课余时间也抓紧学习,就是外出疗养也不忘背英语单词。就这样,基础理论学习考试结束后,14名宇航员门门课程都达到良好以上。

飞行员的身体素质都很过硬,但宇航员对体重、耐力、速度、灵活性、柔韧性、肌力等方面有着更高的标准和要求。他们按照训练大纲要求,坚持每周3次、每次两小时的体质训练从不间断。为了控制体重，不少宇航员坚持每天跑5000米。

航天环境适应性训练实际上是向人的生理极限挑战。比如，超重耐力训练，要求飞行员在5倍重力加速度的条件下，持续2~3秒，而宇航员却要在8倍重力加速度的条件下，持续40秒；低压缺氧训练，按照相当于每秒15米的速度，迅速提升到5000米的高空，在氧气稀薄的情况下持续30分钟；前庭功能训练，训练中，要求宇航员自旋转、振动或坐在离心机中，用4倍重力加速度转动并突然停止，还要求闭上眼睛转动脑袋。此外，还有失重飞机飞行训练、跳伞训练、航空飞行训练、飞船着陆冲击体验等。

2003年7月3日，经载人航天工程宇航员选评委员会评定，14名宇航员全部具备了独立执行航天飞行的能力，予以结业，并获得三级宇航员资格。从此，我国有了第一代宇航员。

知识链接

预备航天员

2009年，我国选拔了第二批预备航天员，共选出男性候选人30名，女性候选人15名。在他们中间最终将选出，[illegible]名男预备航天员、2名女预备航天员。2012年6月与2013年4月，刘洋与王亚平两名中国女宇航员分别搭乘“神州”九号与“神州”十号载人飞船进入太空。

2016年10月，我国神州十一号载人飞船成功升空，并与天宫二号成功对接。

“神舟”五号载人巡天

科普档案 ●**航天事件：**“神舟”五号载人飞船成功发射 ●**发射时间：**2003 年 10 月 15 日

从 1999 年开始，我国相继研制并成功发射了“神舟”一至四号无人试验飞船，获得了宝贵的试验数据。2003 年，“神舟”五号载人飞船研制成功并在酒泉卫星发射中心发射升空。

从 1999 年开始，我国相继研制并成功发射了“神舟”一至四号无人试验飞船，获得了宝贵的试验数据。2003 年，“神舟”五号载人飞船研制成功并在酒泉卫星发射中心发射升空。中国航空航天工作者用自己的智慧和汗水迎来了这激动人心的一刻。

2003 年 10 月 15 日 6 点 15 分，身着银灰色太空服的宇航员杨利伟进入“神舟”五号飞船，坐到了用合成材料特制的座椅上。此时按计划离火箭升空还有 2 小时 45 分钟。起飞前，杨利伟在舱内进行各项准备，完成 100 多个动作。地面指挥控制中心屏幕显示，杨利伟生理参数正常。

2003 年 10 月 15 日 9 点整，火箭在震天撼地的轰鸣中腾空而起，急速飞向太空。9 点 10 分左右，飞船进入预定轨道。从这一刻起，杨利伟成了浩瀚太空迎来的第一位中国访客。

9 点 31 分许，停泊在南太平洋的“远望”二号测量船捕获飞船信息。“神舟”五号飞船的舱内图像清晰地显示在北京航天指控中心的大屏幕上，杨利伟在与医学监督医生通话时显得相当沉稳，他说：“我感觉良好！”9 点 42 分，载人航天工程总指挥李继耐宣布：“飞船已进入预定轨道，发射取得成功。”指挥控制大厅内顿时一片欢腾。

10 点许，在“神舟”五号飞船进行环绕地球第一圈飞行时，地面指挥人员报告舱内环境正常后，杨利伟得到指令，打开面罩，拿着书和笔，当他松开手时，笔在太空失重环境下立即漂浮起来。

10点31分，“神舟”五号飞船进入喀什测控站检测区域，在接到地面指令后，杨利伟摘下手套，并解开系在膝盖下方的束缚带。在北京航天指挥控制中心的大屏幕上可以看到，杨利伟的动作轻松熟练。

10点40分左右，飞船开始绕地球飞行第二圈，通过飞船传回的图像可以看到，杨利伟由卧姿改为坐姿，并通过圆形舷窗向外观测。

11点过后，杨利伟开始在太空中进餐。他一边看书，一边用捏挤包装袋的方式享用这顿不同寻常的午餐。据悉，杨利伟的食谱颇具中国特色，包括八宝饭、鱼香肉丝、宫保鸡丁和用中药及滋补品制成的饮料等。

12点左右，杨利伟开始他在外太空的第一次休息。画面显示，仰面躺卧的杨利伟表情沉静，在环绕地球飞行的飞船中，他的这次酣眠持续了约3个小时。

15点52分，北京航天指挥控制中心向杨利伟了解了飞船工作状况和他的身体状况。他向地面报告：航天服气密性良好，飞船工作正常。

15点54分，飞船变轨程序启动。指挥控制大厅右侧大屏幕三维动画实时显示，飞船尾部喷出橘黄色的火焰，加速飞行。很快，飞船又进入了平稳的飞行状态。整个过程中，宇航员杨利伟始终神情镇定。南太平洋上的“远望”二号测量船向北京传来数据，表明变轨圆满成功。

17点26分，中共中央政治局委员、中央军委副主席、国务委员兼国防部长曹刚川在北京航天指控中心与正在太空飞行的宇航员杨利伟进行实时通话。曹刚川说：“祖国和人民期待着你的凯旋。”杨利伟浑厚的男中音清晰地回响在指挥大厅中：“请首长

□“神舟”五号成功发射

□宇航员杨利伟

放心，我一定努力工作，把后续工作完成好，向祖国和人民交一份满意的答卷。”

18点40分许，“神舟”五号飞船运行到第七圈，杨利伟在太空中展示了中国国旗和联合国旗。他在距地面343千米的太空中说：向世界各国人民问好，向在太空中工作的同行们问好，感谢全国人民的关怀。

10月16日5点35分，北京航天指挥控制中心成功向正在太空运行的“神舟”五号载人飞船发送返回指令。按照程序，飞船将在建立返回姿态后，经过返回制动、轨道舱与返回舱分离、推进舱与返回舱分离等一系列太空控制动作，开始返回内蒙古主着陆场。1分钟后，“神舟”五号飞船轨道舱与返回舱成功分离。返回舱与推进舱轨道高度不断降低，向预定落点返回。飞船轨道舱将留轨工作半年，开展相关的科学实验。

5点38分，“神舟”五号载人飞船制动火箭点火，飞船返回舱飞行速度减缓，轨道高度进一步降低。返回舱向预定着陆场降落。

5点56分，在北京航天指挥控制中心的组织指挥下，“神舟”五号载人飞船返回舱与推进舱成功分离，并成功进入返回轨道。飞船返回舱失去动力后，按照升力控制技术向预定着陆场降落。稍后，布设在新疆和田的活动测量站报告，“神舟”五号飞船进入中国国境上空。

6点04分，“神舟”五号飞船再入大气层。目前飞船处于“黑障”阶段。6点07分，搜救直升机收到“神舟”五号飞船返回舱发出的无线电信号，机上的搜索人员目视到“神舟”五号返回舱。由5架直升机组成的空中搜救分队和14台专用车辆组成的地面搜救分队立即从不同的方向迅速向落点前进。

6点许，杨利伟报告身体状况良好，返回舱引导伞已打开。稍后，杨利伟再次报告身体状况良好。主伞工作正常。稍后，主着陆区直升机驾驶员目视到飞船降落伞，地面搜索人员看到了降落伞，返回舱主伞已脱落。5架直升机跟踪正常。

6点28分，地面搜索人员报告距“神州”五号返回舱落点7.5千米。8分钟后，地面搜索人员找到了“神舟”五号返回舱，航天英雄杨利伟自主出舱。中华民族千年飞天的愿望终于实现了！

“神舟”五号上天，标志着我们伟大的祖国成为载人航天器第三个进入太空的国家。这是我国日益强大的标志，也是我国将来为世界和平与发展做出更多努力的强大基础。

知识链接

“神舟”五号

“神舟”五号长8.86米、重7840千克。它的返回舱除了搭乘中国飞天第一人杨利伟外，还搭载有一面具有特殊意义的中国国旗、一面北京2008年奥运会会旗、一面联合国旗、人民币主币票样、中国首次载人航天飞行纪念邮票、中国载人航天工程纪念信封和来自祖国宝岛台湾的农作物种子等物品。

中国人的“第一步”

科普档案 ●**航天事件**：我国航天员翟志刚首度实施空间出舱活动 ●**时间**：2008 年 9 月 27 日

2008 年 9 月 27 日 16 时 41 分，我国航天员翟志刚打开“神舟”七号载人飞船轨道舱舱门，首度实施空间出舱活动，茫茫太空第一次留下中国人的足迹。

2008 年 9 月 25 日傍晚时分，酒泉卫星发射中心的宇航员公寓里气氛庄重热烈。2003 年和 2005 年，我国宇航员杨利伟和费俊龙、聂海胜先后从这里踏上征程，开始太空之旅，两度实现了我国载人航天飞行的历史性突破。今天，我国航天事业又迎来一个历史性时刻，翟志刚、刘伯明、景海鹏三位宇航员将从这里出征，续写我国载人航天事业的新篇章。

□竖立在酒泉卫星发射中心的“长征二号”F运载火箭

17 时 30 分许，宇航员出征仪式在问天阁举行，随着一声“出发”的命令，宇航员们向送行的人群挥手致意，登车前往发射场，进入飞船作最后的准备。夜幕下，“长征二号”F 运载火箭巍然挺立，直指苍穹；箭体上，鲜艳的五星红旗和“中国航天”4 个大字十分醒目。20 时 10 分，距“神舟”七号飞船预定发射时间整整 1 个小时，宇航员翟志刚、刘伯明、景海鹏进入了“神舟”七号飞船的返回舱。这是神舟飞船第一次迎来 3 名乘客。而且，翟志刚还将进行中国宇航员的首次太空行走。

21点10分，随着一声“点火”的口令，承载着“神舟”七号载人飞船和3名宇航员的火箭，在震天的轰鸣声中腾空而起，巨大的呼啸声骤然而至，似炸雷滚过。“长征二号”F运载火箭开始了它的第七次飞行，也是长征火箭家族的第109次飞行。火箭起飞120秒后，逃逸塔分离；138秒，助推器分离；198秒，整流罩分离；578秒，船箭分离……21点19分43秒，“神舟”七号飞船进入预定轨道。

□“神舟”七号载人飞船

27日13点33分，宇航员出舱开始执行太空行走任务。翟志刚和刘伯明两人开始穿舱外航天服，其中担任出舱任务的翟志刚身着“飞天”航天服，刘伯明则身着俄制“海鹰”航天服。15点40分，两人将舱外航天服逐步加压，而轨道舱则慢慢泄压，直至逐步接近真空状态。16点34分，“神舟”七号飞船运行第29圈，零号指挥员下达命令：我是北京，“神舟”七号开始出舱。翟志刚抓住头顶上方的气闸舱舱门的扳手，逆时针旋拧。在失重状态下，这个普通的动作做起来非常吃力。翟志刚的动作沉重而缓慢：转动，休息；再转，再休息。舱门打开了一半，又闭了起来！大家的心都提到了嗓子眼。“别着急！”“再来！”中国航天人在互相鼓励！16点35分12秒，舱门终于向飞船内侧打开了！太阳的光芒倾泻进舱内。16点41分，这是历史性的一刻！翟志刚先把上半身探出舱外，然后把系在“飞天”航天服上的红色保险绳挂在飞船外壁的扶手上。到达出舱扶手最上端时，翟志刚转过头对着摄像机挥手，对着守候在屏幕前的全国人民挥手！“‘神舟’七号报告，我已出舱，感觉良好！”“‘神舟’七号向全国人民、向全世界人民问好！”“请祖国放

□宇航员景海鹏（左）、翟志刚（中）、刘伯明（右）

心，我们坚决完成任务!”翟志刚的声音洪亮有力。他把两个保险绳的挂钩全部改挂到右侧的扶手上，全身飘出了飞船。从此，中国成为世界上第三个独立掌握空间出舱技术的国家!

屏幕上，刘伯明半身出舱，把一面五星红旗递给翟志刚。翟志刚挥舞着国旗，向全国、全世界人民致意。16点45分，翟志刚开始太空漫步。太空中第一次留下了中国人的足迹！在行走中，翟志刚的身体几乎和飞船平行，他的两只手交替抓着飞船舱外的扶手，支持身体缓缓移动——这和很多人想象中的“太空行走”并不一样，更像是“漂移”。翟志刚把红色的保险绳移到另一侧的扶手上，熟练地取下了安装在飞船壁上的固体润滑材料实验样品，交给轨道舱内的刘伯明。

返回的过程十分顺利，翟志刚移回保险绳，然后把头调整到远离帆板的一侧，在刘伯明的协助下先把腿顺利地伸进轨道舱。之后，他解下系在舱外的保险绳，交给留在轨道舱的刘伯明。地面人员提醒刘伯明:“注意保护舱门密封圈。”翟志刚结束太空行走，安全返回轨道舱。17点00分35秒，舱门关闭，出舱活动圆满完成。中国人的第一次太空行走共进行了19分35秒；这段时间，翟志刚与飞船一起飞过了9165千米。

9月28日下午，“神舟”七号完成在轨道上第45圈运行后，“远望”三号测控船向其发出返回指令。16点49分，飞船第一次调姿，然后轨道舱与返回舱、推进舱分离。16点51分，制动开始。5分钟后，飞船轨道控制发动机关机，返回制动过程结束，并开始第二次调姿。17点09分，北京飞行控制中心发出落点经纬度预报，“神舟”七号已飞过印度洋上空，向中国内地区域飞来。17点12分，返回舱和推进舱成功分离，并启动第三次调姿。随后，返回舱进入大气层。从距离地面 80 千米高处进入大气层，一直到 40 千米高处，这就是所谓的“黑障区”。在返回舱通过“黑障区”的 240 秒内，由于返回舱表面燃烧，产生大量等离子体，地面测控中心不能获得其无线电信号。但人们对黑障的担心并没有持续多久。不久，地面测控中心就看到了返回舱的图像。17 点 25 分，“神舟”七号返回舱在巨型降落伞保护下，进入地面搜救人员视野。

2008 年 9 月 28 日 17 点 38 分，“神舟”七号飞船返回舱载着翟志刚、刘伯明、景海鹏 3 位宇航员在内蒙古草原的秋阳中稳稳落地——作为中国载人航天的又一重大突破，中国人的足迹随着这次飞行留在了茫茫太空。

知识链接

太空“第一步”的意义

人类对太空进行的每一步探索都伴有巨大的风险，但同时也会带来技术以及观念的更新。所以，中国宇航员迈出的太空“第一步”，不但实现了历史性超越，而且也让中国航天的未来拥有了无限的可能。人类社会的快速发展，正是通过这样一个又一个的“第一步”实现的。

“伽利略”号探索木星

科普档案 ●**航天器**:“伽利略”号 ●**用途**:首个专用探测木星的航天器 ●**升空时间**:1989 年

“伽利略”号 1989 年由“亚特兰蒂斯”号航天飞机发射，是美国宇航局第一个直接专用探测木星的航天器，也是美国宇航局发射的最成功的探测器之一。它于 1989 年升空，1995 年 12 月抵达环木星轨道。

1610 年的一个星空之夜,伽利略从他手工制造的世界第一台天文望远镜里看到了闪烁于遥远天际的木星以及浮动于这个天体周围的 4 颗大卫星。多年后的 1989 年,可以告慰这位伟大天文学家的是,以他的名字命名的航天探测器即将飞往木星深处,向人类报告迄今还是个谜的有关这颗太阳系中最大行星的各种细节。

20 世纪 70 年代末,“旅行者” 号对于木星及其卫星的探测虽取得巨大成功,但科学家对木星的许多奇异情况依然困惑不解,如木星的大气运动为何异常剧烈,会在短期内发生巨大变化吗? 木星的大红斑为何会以如此快的速度旋转? 木星内部流出的能量为什么会大于入射的太阳光? 木星怎么会有那么强的磁场? 还有木星的 4 个“伽利略”卫星是木星 16 个卫星中最大的 4 颗,也是太阳系中比较大的卫星,人们极想对它们有更深入的了解等。因此,美国决定施放一颗以探测木星及其“伽利略”卫星为主要目的的宇宙探测器,并取名为“伽利略”号。

“伽利略”号探测器总重 2550 千克,是一艘核子动力宇宙飞船,造价高达 15 亿美元。它由轨道飞行器和其所携带的木星大气探测器两大部分组成。前者在木星的椭圆轨道上执行探测任务;后者深入木星大气层深处探测大气层的成分和物理特性。为此,它们分别携带了不同的探测仪器。

“伽利略”号原定于 1986 年 5 月采用航天飞机加“半人马座”火箭的发

射方式，即航天飞机将探测器投放出机舱后，用“半人马座”大推力液体火箭加速探测器飞往木星，大约在太空飞行两年后即可到达木星。但在发射前4个月，“挑战者”号航天飞机失事，迫使美国当局重新审定航天飞机的安全性，决定放弃原定的“半人马座”计划，代之以安全性更好的一种固体燃料火箭。但由于这种火箭的推力比“半人马座”要小得多，这样不得不变更原先直接飞往木星的路线，而采用一种借力式的迂回轨道。即首先向太阳方向飞去，一次飞越金星，两次飞越地球上空，然后借力加速再飞向木星。如此一来，固体火箭推力不足的问题虽得到补偿，但到达木星的时间就要大大延迟了。

□“伽利略”号

1989年10月18日，两度推迟发射的“伽利略”号终于由“亚特兰蒂斯”号航天飞机发射升空。当晚7点13分，“亚特兰蒂斯”号顺利地释放出“伽利略”号飞船及其推进器。至此，“伽利略”号踏上了为时6年、行程约38亿千米的漫长征途。1990年2月9日，“伽利略”号从金星云层1600千米上空飞过，记录到金星大气中雷的发生。它利用金星重力加速度加速到每小时14290千米，然后沿着一条更大的绕太阳运行的轨道前进，并逐渐向地球靠拢。同年12月8日，借助地球引力，使运行速度提高到每小时127100千米，在此期间，“伽利略”号不但从大西洋955千米的上空飞过，拍摄了澳洲和南极洲的照片，还成功地绘制出了精确的月球背面地图。1991年10月29日，“伽利略”号从小行星“伽斯帕拉斯”上空1600千米附近飞过，成功地拍摄到历史上第一批近距离小行星的照片。1992年12月，“伽利略”号再次与地球相遇，从地球南大西洋上空302千米附近飞过，得到加速后飞行速度达到每小时140300千米。从此，它正式踏上飞往木星的征途。

在飞往木星的途中，“伽利略”号幸运地用偏振光辐射计、CCD摄像机和近红外摄像分光计分别记录了“苏梅克—利维9号”彗星于1994年7月

16日撞击木星的世纪天文奇观。

1995年7月13日,“伽利略”号按预定计划施放了木星大气探测器。大气探测器独立飞行8200万千米后，以每小时17万千米的速度冲入木星大气层,在极强烈的狂风、湍流、高温、高压和剧烈摩擦的恶劣环境下,顽强工作了75分钟。与此同时,“伽利略”号继续它驶向木星的长途跋涉,途中克服了种种艰难险阻，终于在1995年12月抵达木星附近。此后的7年多时间里,它绕木星运行34周,与木星主要卫星35次相遇,发回了1.4万张照片。

在完成人类有史以来最成功的行星探险任务之后,“伽利略”号船龄已高而且燃料也所剩有限,如果继续运行,轨道发生变化,很有可能与木星的卫星木卫二相撞。探测结果显示,木卫二的冰冻表面下可能存在着海洋,它也许是太阳系中最有可能存在地外生命的地方之一。而“伽利略”号上可能有来自地球的微生物。因此,“伽利略”号与木卫二相撞会导致来自地球的微生物在木卫二上立足,这种情况将会影响未来在这颗卫星上寻找其本土生命。为了避免此类情况的发生,美国宇航局决定在“伽利略”号燃料未完全用尽,还能控制运行轨道之时,让它葬身于木卫二之外的其他天体上,这个“安葬地”最终定为木星。2003年9月21日下午,“伽利略”号撞向了木星,为它长达14年的太空之旅画上了句号。

知识链接

“伽利略”号

“伽利略”号在太空中共飞越了46亿多千米，比原定计划要长得多。另外，它的终结日期也比预计的晚了6年。作为人类用来监测木星的眼睛和耳朵，“伽利略”号的惊人发现是，木星的卫星“欧罗巴”上可能具有类似地球的海洋，这也就激发了人们对这个星球上存在生命的猜想。

“奥德赛”的火星之旅

科普档案 ●**航天器**:“奥德赛”号 ●**任务**:寻找火星水与火山活动的迹象 ●**升空时间**:2001 年

火星是太阳系里唯一和地球类似的星球。近半个世纪以来，人类已向火星发射了 30 多艘无人飞船对它进行详细的研究，这其中就包括现在还在执行任务的美国“奥德赛”火星探测器。

火星是太阳系里唯一和地球类似的星球,让人类产生过无限遐想。近半个世纪以来，人类已向火星发射了 30 多艘无人飞船对它进行详细的研究,这其中就包括现在还在执行任务的美国“奥德赛”火星探测器。

人类使用空间探测器进行火星探测的历史几乎贯穿整个人类航天史。就在人类刚刚有能力挣脱地球引力飞向太空的时候,第一个火星探测器也开始了它的旅程。最早期的探测器几乎都失败了,而火星探测也就是在一次又一次的失败中不断前进。进入 20 世纪 90 年代以后,美国为进一步弄清火星情况,接连向火星发射探测器。1999 年 9 月 23 日,美国又发射了“火星气候”飞船,因工程师混淆了英制和公制的计量单位,致使该飞船在火星上空坠毁。不久后,美国的另一艘飞船“火星极地登陆者”在着陆时,因在下降过程中登陆器的腿伸开,由此产生的虚假信号造成了登陆器已经登陆的假象,结果当登陆器还在火星上空时,就过早地关闭了发动机,致使其坠落在火星上。之后

□“奥德赛”火星探测器

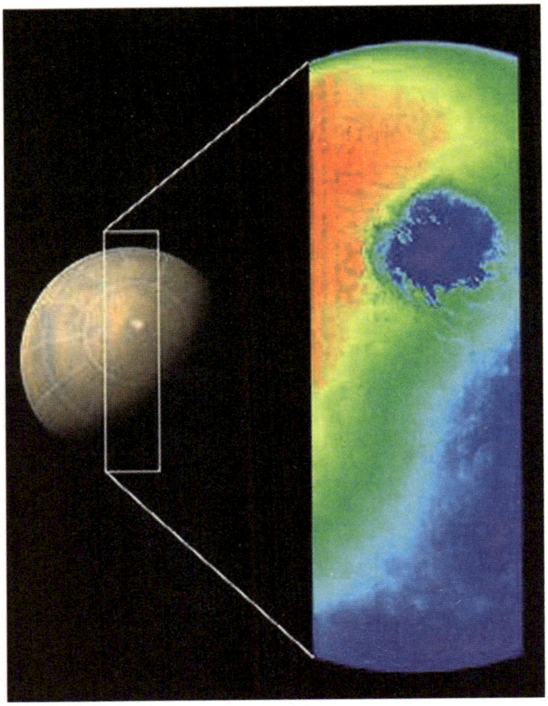

□ "奥德赛"向地面传回的第一张火星热红外照片

不久,美国宇航局研制了一个新的宇宙探测器——"奥德赛"。

由于有过前两次失败的教训,美国宇航局对"奥德赛"的发射异常认真,增加了检查人员,反复核查问题,消除一切可能的故障。他们为此花费了1200万美元重新检查了可能导致飞船坠毁的2200个操作过程。为了确保成功,美国宇航局还撤掉了原本与它同行的火星登陆器,把火星登陆器推迟两年发射。"奥德赛"花了3年时间才研制成功,发射总价值高达2.97亿美元,飞船本身价值为1.51亿美元。

2001年4月7日上午11点02分,重达758千克、大小如同一辆小轿车的"奥德赛"从美国佛罗里达州卡纳维拉尔角发射场发射升空。大约1小时后,位于澳大利亚的"深空网络"工作站就接收到了它发出的第一个信号,信号表明探测器状态正常。又过了半个小时,火箭以4万多千米的时速脱离地球轨道,稳步飞向火星轨道。

"奥德赛"以每秒5.907千米的高速,在经过大半年的星球旅行后靠近了火星。在距离火星轨道约1547千米处,探测器上的发动机自动点火,使它的速度减小到了每秒1.420千米。2001年10月24日上午11点,美国宇航局"喷气喷射实验室"内的空气凝固了,屋里的人或者目不转睛地盯着控制台上暗绿色的荧光屏,或者死死地盯着墙上的投影大屏幕,大家的耳朵全都竖了起来,生怕漏过了从那遥远的星空传来的天籁之音。当实验室的大广播传出一个兴奋的声音,"2001火星'奥德赛'探测器顺利完成首轮绕火星轨道飞行任务,信号正常"时,整个实验室沸腾了:工程师、科学家们纷纷从各自的监控台位上蹦了起来，拼命地鼓掌，相互拥抱，兴奋地相互祝贺。

“奥德赛”号从2002年3月开始对火星进行测绘。但在连续工作一年半多之后，“奥德赛”号火星探测器上的一台辐射测量仪不幸成了太阳风暴的“牺牲品”。这台仪器于2003年10月底完全停止了工作。不得已之下，美国宇航局启动了“奥德赛”的备用操作系统。但到了2006年3月，备用操作系统上的一个配电组件也出现了毛病。2009年3月，科学家们对“奥德赛”执行了“关闭”和“重启”指令，排除了故障。目前，“奥德赛”号仍然在执行着火星探测任务。

知识链接

无人火星探测飞船

继“奥德赛”之后，美国又发射了一系列无人火星探测飞船并制订了宏伟的火星探测计划。按计划，美国宇航局将于2016年将500克左右的火星土壤和岩芯样本送回地球作进一步研究；在2018年向火星送去一个着陆器，用于寻找火星上可能存在生命的证据；2037年，美国将派宇航员登上火星。

“炮轰”彗星

科普档案	●航天计划：深度撞击	●内容：“深度撞击”号飞船撞击“坦普尔 1 号”彗星

科学家们发现，彗星中很有可能保持着 46 亿年前太阳系形成时期原始物质的结构和状态。进入 21 世纪以后，美国决定实施“深度撞击”计划，“炮轰”一颗叫作“坦普尔 1 号”的彗星，以揭开彗星的真实面目。

随着人类对各种天体认识的不断深入，科学家们发现，彗星可能是由冰和岩石组成的松散“脏雪球”，其中很有可能保持着 46 亿年前太阳系形成时期原始物质的结构和状态。到底是不是这样呢？进入 21 世纪以后，美国决定实施“深度撞击”计划，“炮轰”一颗叫作“坦普尔 1 号”的彗星，以揭开彗星的真实面目。

“深度撞击”计划是从科幻故事得到启示的。30 多年前，英国科幻作家阿瑟·克拉克创作《2001》的科幻作品，萌生了“撞击彗星”的创意。1998 年好莱坞拍摄了科幻电影《深度撞击》，影片描述一艘美国太空飞船奉命前往轰炸一颗威胁地球的巨型彗星，以防止它与地球相撞带来毁灭性灾难，从而演绎了一幕幕惊心动魄的故事。美国宇航局不仅从这些科幻故事中得到启发，还采纳了其中一些创意。经过不断改进、完善，最终制订了这次策划周密的庞大太空活动计划，该计划就叫“深度撞击”。

美国为什么单单选择“坦普尔 1 号”彗星作为人类“炮轰”近地小天体试验的首选目标呢？说起彗星人们并不陌生，它实际上是太阳系中一种特殊的小天体。它们不像八大行星那样沿着相对“固定”的轨道绕太阳运行，其质量很小，拖着长长的、别致的“尾巴”，绕太阳在扁平轨道上运行。40%的彗星运行有周期性，称周期彗星，回归周期为几年、几十年、几千年，周期更长的甚至 10 万年～100 万年才偶然接近太阳一次。这次人类撞击的“坦普尔1号"彗星绕太阳运行1圈需5.51年。这颗1867年被德国天文学家坦普尔发现的彗星，在火星和木星之间围绕太阳的椭圆轨道运行，彗核自转周期约42小时。正因为它回归周期短，人类发现它迄今至少回归过25次，对其轨道特征、自转特征比较熟悉，人类才首选它作为"炮轰"彗星试验目标。

2005年1月12日，"深度撞击" 彗星探测器发射升空。它由两部分组成，一是飞行器，负责提供动力并携带有诸多科学仪器；二是用来轰击彗核表面的撞击器，体积相当于一台普通家用冰箱，重近400千克。

在太空飞行了近6个月之后，美国东部时间7月3日凌晨2时0分，肩负重大使命的"深度撞击"号探测器释放的撞击器以大约每小时3.6万千米的速度，在距地球约1.3亿千米处，勇敢地向"坦普尔1号"彗星冲去，伴随着一道炫目强光，美国宇航局喷气推进实验室立刻成了欢乐的海洋，为这一时刻等待6年之久的科学家们热烈地鼓掌、欢呼，无比兴奋和激动。经过日后的详细分析，这些科学家认为，"深度撞击"撞出了四大"发现"：第一个发现是"坦普尔1号"的彗核是分层的，彗核表面覆盖着10多米深的细粉状物质，其下是较硬的"彗核之核"。彗核的平均密度比水还轻，它外表的细粉，是多年以前就存在或是逐年累积的，这证明彗核的内部含有太阳系初期的原始物质。第二个发现是彗核在飞近太阳时会喷发，特别是彗核表面朝向太阳的那部分，会经常有小规模的喷发。但太阳辐射的热量不会对彗核内部的物质产生影响。第三个发现是 "坦普尔1号"的彗核尽管很小，却有多种地貌，既有光滑平坦的部分，也有类似环形山的坑洼。这表明在 "深度撞击"之前，这颗彗

□ "深度撞击" 效果图

核就已经常被太空中更小型的天体撞击。第四个发现是彗核内部存在大量含碳和氮的有机分子，而彗核表面的粉状物中却没有这些物质，这说明它们存在于表层下较浅的部位，在受撞击或热影响时才喷发出来。此外，它还表明，在彗星和小行星频繁撞击地球的早期阶段，彗星有可能把最早的有机物带到地球上。

这四大发现为人类探索太阳系的诞生初期物质形态、地球上水的来源以及地球生命起源等一系列长期困扰科学界的问题，带来了大量"太空资料"。

知识链接

"深度撞击"2号太空计划

受到"深度撞击"号探测器成功撞击"坦普尔1号"的鼓舞，美国宇航局另一项取名为"深度撞击"2号的太空计划即将上路，它将选择"波星"彗星作为撞击目标。"深度撞击"2号无人太空船将尽可能接近彗星，更近距离观察撞击结果。进一步实现人类与外太空星体接触的梦想，揭开更多宇宙秘密的谜底。

撞击月球

科普档案 ●**航天事件：**“智慧 1 号”探测器撞击月球 ●**时间：**2006 年 9 月 3 日

2006 年 9 月 3 日，欧洲第一个月球探测器“智慧 1 号”按预定计划，成功击中月球表面。“智慧 1 号”撞击月球后激起的大量“尘埃”，有助于科学家对月球表面的化学成分、月球的起源和演化等进行进一步的研究。

美国于 2005 年用航天探测器撞击彗星之后，便开始策划撞击月球，他们把撞击月球的时间初步定在了 2009 年。不过这次美国没有抢到先机，欧洲空间局于 2006 年率先完成了“炮轰”月球的壮举，担负这项任务的是“智慧 1 号”月球探测器。

早在 1994 年，欧洲空间局就提出一项月球探测计划——欧月 2000 计划。该计划的目标是研制、生产一个小型月球探测器和着陆探测器，为以后的月球探测提供安全着陆所必需的地形地貌知识。着陆器的预定着陆点是位于南极地区的一座山峰附近。欧洲空间局将利用这一地区几乎能够受到太阳光永久照射的优点，开展各种月球探测活动。遗憾的是，欧月 2000 计划因为资金不足而被取消，但欧洲空间局并没有因此放弃探月的打算，之后他们决定研制“智慧 1 号”月球探测器。

□“智慧1号”月球探测器

2003 年 9 月 28 日，法属圭亚那库鲁航天中心传出震耳欲聋的轰鸣声，“阿丽亚娜”5 型火箭搭载着“智慧 1 号”发射升空。“智慧 1 号”是一个重约

□ “智慧1号”进入环月轨道

□ “智慧1号”探测器探测月球拟想图

370千克，长1.5米、宽、高约1米的立方体。别看它不起眼，但欧洲人却因之感到自豪。它不仅使欧洲成为继苏联、美国和日本之后第四个向月球发射探测器的地区，而且也是人类进入21世纪以来进行的第一次探月活动。

经过长达14个月的飞行，“智慧1号”于2004年11月接近月球，2005年3月进入预定的月球轨道，每5小时绕月球飞行1周。“智慧1号”的任务是利用携带的多光谱微型相机、月表红外探测器、X射线成像仪等先进仪器，拍摄月球表面的详细照片、确定月球土壤的化学成分和在月球表面寻找可能存在的水源。

2006年6月，在“智慧1号”的推进剂即将耗尽之前，欧洲空间局决定让其选择适当的时机和地点撞击月球，以验证月球是否形成于天体碰撞之中。据科学家推测，在地球还是“婴儿”的时候，曾经有一个和火星差不多大的星球撞击过地球，月球就是那次撞击后产生的碎片形成的。如果情况确如科学家推测的那样，那么月球的含铁量将会比地球低，而镁和铝这样的轻元素的含量则会高一些。科学家希望“智慧1号”的撞击将带回这个问题的答案。

2006年9月3日5点42分22秒，“智慧1号”以每小时7200千米的速度勇敢地撞向科学家事先选定的月球“卓越湖”地区。“智慧1号”在月球表面“弹跳”几次之后，砸出一个直径 3～10 米、深约 1 米的坑，然后弹起并滑行了一小段距离，带起一条宽约 5 千米的月球尘埃带，形状宛如蝴蝶的翅膀。这个奇特的“蝴蝶翅膀”被太阳光直接照亮，天文爱好者用天文望远镜甚至双筒望远镜就能观测到。受欧洲空间局的邀请，多个地面国际天文台都加入了这次联合观测行动。

过去所有的月球探测器都是在月球赤道区域着陆，探测范围也多局限在这些区域。而“智慧 1 号”环绕月球极地轨道飞行了 2000 多圈，绘制了月表整体外貌图，其中包括过去人们不甚了解的月球背面和极地概貌。它让科学界发现了月球极地及赤道区域存在许多不同的地质构造，而且在靠近月球北极的地方有一个“日不落”区域，这个区域终年都有阳光照射。

知识链接

无人月球探测的方式

人类在开展无人月球探测时采用了不同的方式，包括掠月探测、硬着陆探测、绕月探测、软着陆探测、自动取样返回探测等。“智慧 1 号”撞击月球属于其中的“硬着陆探测”，但它是通过精确地控制和复杂的变轨，在预定地点进行的。

意义非凡的金星探测

科普档案 ●**航天事件**:金星探测 ●**航天器**:金星快车 ●**任务**:对金星大气层进行精确探测

人们曾猜测，与地球非常相似的“姐妹星”——金星诞生时的环境与地球一样，而且有可能出现过生命。为了弄清金星的真面目，从20世纪60年代初开始，苏联、美国相继发射了探测器，拉开了金星探测的序幕。

金星是天空中最亮的星星,人们曾猜测这个体积、形态与地球非常相似的“姐妹星”诞生时的环境与地球也是一样的,而且也有可能出现过生命。后来,天文学家用射电望远镜第一次测出金星表面温度可能达到300℃以上,这个结果令许多人震惊,有人甚至怀疑是不是仪器出了毛病。为了弄清金星的真面目,从20世纪60年代初开始,苏联、美国相继发射了探测器,拉开了金星探测的序幕。

1961年2月12日苏联“金星”1号探测器发射上天,开始对浓云密雾包围的金星进行探测。至1983年,苏联一共发射16个金星探测器。美国则紧步苏联的后尘,从1962年至1973年共发射了10个“水手号”金星探测器;1978年5月至8月，又发射了两个“先锋”号金星探测器;1989年5月,“亚特兰蒂斯”号航天飞机又把一个“麦哲伦”号探测器送上了金星轨道。

□“金星快车”示意图

各种探测器对金星进行现场考察以后,遮盖在金星表面的“蒙面纱”已经逐渐揭开了。金星没有磁场和辐射带，其大气的组成和地球截然不同。地球大气以氮、氧等气体为主，二氧化碳很少；在包围着金星的大气中，97%以上是二氧化碳，此外还含有少量的氮、氩、一氧化碳、水蒸气及氯化氢等。金星大气中的二氧化碳能让阳光通过，照到金星表面，却不让热辐射返回

□“金星快车”上级火箭点火模拟图

太空，使金星表面处于高温状态，产生“温室效应”。金星表面的温度高达465℃以上。温室保护罩的作用还使金星上的昼夜温差很小，基本上没有昼夜、季节和地区的差别。金星表面的大气密度比地球上的大50倍。地球海洋平面的气压是1个大气压；金星表面的气压大到90个大气压，相当于地球上海洋深处900米左右所受的压力。金星上空闪电频繁，每分钟达20多次，常常是电光闪闪，雷声隆隆。苏联的“金星”12号在1978年12月21日下降到金星表面的过程中，仅仅在从11千米高空下降到5千米的期间，就接连记录到1000次闪电。有一次特别大的闪电竟持续了15分钟。金星表面的风速为每秒2～3米，由表面到高空，风速逐渐加大，到50～70千米的高空，风速竟然达到每秒100米！更惊人的是，在离金星表面30～88千米的空间，密布着一层有腐蚀性的浓硫酸雾！种种迹象表明，这个现代天文学家称为“太阳系中的地狱”的金星绝对不能是地球的孪生姐妹，它上面不存在任何液态水，没有任何类似地球上的动植物存在，连任何生命的形式都没有。

进入21世纪以后，地球上由二氧化碳等温室气体造成的“温室效应”越来越明显，环境温度日渐升高，这一现象引起了科学家们的注意。有科学家认为，地球的“温室效应”尽管不会变得像金星那么恐怖，但却仍然在朝

着这一方向发展。通过对金星的恶劣环境进行研究，将有利于人类解决全球变暖问题。

2005 年 11 月 9 日，欧洲空间局的“金星快车”探测器启程前往金星，它的主要任务就是对神秘的金星大气层进行更精确的探测，分析其温度以及化学成分。此外，探测器还将就太阳风对金星大气和磁场的影响进行分析并观测金星气候变化，以求全面了解金星异常恶劣气候的成因，从而避免地球陷入同样的气候灾难之中。

2006 年 4 月，“金星快车”进入了环金星轨道。这时，它与地球的直线距离为 1.2 亿千米，与金星的最近轨道距离为 400 千米，每 9 天环绕金星飞行 1 圈。现在，“金星快车”还在执行着它神圣的使命。

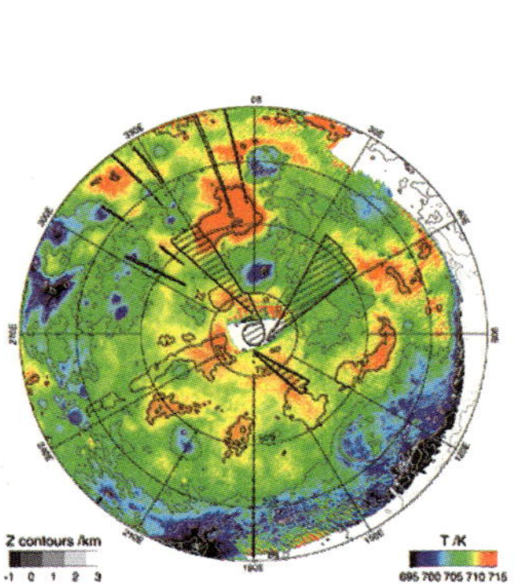

知识链接

金星上的发现

2009 年，科学家们在“金星快车”为金星南半球绘制的地图上发现了一种年代久远的花岗岩。由于花岗岩的形成与水以及板块构造息息相关，科学家据此推测，金星上曾经有过海洋，而且发生过板块移动，这些特性与地球十分相似，因而对金星进行研究有着深远的意义。

进军冥王星

科普档案 ●**航天事件:**探测冥王星 ●**航天器:**“新地平线”号 ●**升空时间:**2006 年 1 月 19 日

冥王星是 20 世纪人类唯一没有探测过的九大“行星”之一。因此，在 21 世纪的深空探测中，冥王星成为科学家最感兴趣的一个探测目标。

冥王星是 20 世纪人类唯一没有探测过的九大“行星”之一。因此,在 21 世纪的深空探测中,冥王星成为科学家最感兴趣的一个探测目标。有意思的是,就在美国宇航局发射了“新地平线”号冥王星探测器后没多久,冥王星就被“降格”为矮行星了。

冥王星位于太阳系边缘的柯伊伯带,距离地球约 60 亿千米。因为冥王星太小等原因,天文学家们一直在为它的“地位”争论不休。1930 年美国天文学家汤博发现了冥王星,当时他估错了冥王星的质量,以为冥王星比地球还大,所以命名为大行星。但是经过近 30 年的进一步观测,发现它的直径只有 2300 千米,比月球还要小,等到冥王星的大小被确认,“冥王星是九大行星之一”早已被写入教科书了。然而冥王星是一个异类。它个头太小,轨道太扁,有时竟跑到海王星轨道

□运载火箭携带“新地平线”号腾空而起

□“新地平线”号工作设想图

的内侧，而且轨道平面相对于地球轨道平面有很大的倾斜，而不像其他行星轨道基本上与地球轨道位于同一平面上。这些特征使冥王星的行星地位很不稳定。此外还有3颗类似冥王星的天体一直未得到“行星”地位，其中一颗是1978年发现的“卡戎”。起初，它被看作是冥王星的卫星，但冥王星的质量大约只有卡戎的10倍。如果冥王星继续坐在第九大行星的交椅上，包括卡戎在内的3颗行星的“名分”如何处理，以后再发现这类天体又如何处理，都成了摆在天文学家面前的难题。是否要给冥王星“正名”成为2006年8月召开的国际天文联合会第26届大会上争议的焦点，为此与会的天文学家们进行了行星定义的表决投票，最终使冥王星从九大行星中出局，与“卡戎”等3颗行星一道被认为是“矮行星”。而这时，美国的“新地平线”号探测器已经在飞往冥王星的路上了，它的任务之一便是获取冥王星及其“卫星”卡戎的地质构造、地表土壤结构、大气成分及大气温度等信息，从而揭开它们的身世之谜。

“新地平线”号长2.1米，重量接近1吨，它是2006年1月19日由美国“宇宙神”运载火箭发射升空的。这枚“宇宙神”运载火箭前所未有地捆绑了5个固体燃料推进器，推动力非常强劲，所以在“新地平线”号成功与运载火箭实施分离之后，时速已经高达5.8万千米，成了迄今为止人类发射的速度最快的太空飞行器。

尽管飞行速度极快，无奈地球与冥王星之间相隔太远，所以“新地平线”号此行仍需要至少九年半时间才能到达目的地。为了尽可能节约能量，“新地平线”在大部分飞行时间里都将处于“休眠”状态，每个星期向地球发送一次信号，“汇报”其状况。地面上的科学家将每年唤醒它一次，对其设备进行检查。

2015 年 7 月 14 日，“新地平线”号已飞掠冥王星。快速飞离冥王星，进入柯依伯带中心地带。2015 年 8 月 29 日，美国宇航局公布了“新地平线”号的下一个目的地：编号为 2014MU69 的柯依伯带天体。

知识链接

柯伊伯带

柯伊伯带是太阳系内结构最为庞大的小行星系统，约有 50 万颗小行星，还有大量的岩石和冰态物质，有些是太阳系在 46 亿年前形成之初的残留物质。科学家希望通过研究这里的天体，发现太阳系的演化过程。

寻找外星人的“先驱者”

科普档案	●航天器:“先驱者”10号	●任务:探寻地外文明	●升空时间:1972年

1972年，美国宇航局发射了“先驱者”10号探寻地外文明，它携带了一张镀金盘，上边刻有一封问候信和一张标明地球在太阳系中位置的地图。1983年“先驱者”10号飞出海王星的轨道，成为第一个飞出太阳系的人造探测器。

偌大的宇宙空间，除地球上有生命和人类文明以外，是否还存在外星人和地外文明？关于这个问题，一直存在着两种截然不同的意见。一种意见认为，太阳系有行星和生命，宇宙中像太阳这样的恒星和像太阳系这样的星系有许许多多，不能想象仅在地球上才拥有生命。持反对意见的论点也极简单，地球上的智能生物是经过40亿年连续不断地进化“突变”诞生的。要将这个过程再重复一次的概率几乎等于零，因此宇宙不存在外星人。为了弄清这些问题，美国率先派出了一个“特使”到浩瀚的宇宙空间去寻找自己的伴侣，它就是“先驱者”10号行星探测器。

“先驱者”10号是于1972年3月2日先踏上征途的。经过1年零9个月的长途跋涉后，它穿过危险的小行星带，闯过木星周围的强辐射区，于1973年12月3日与木星相会。它飞临木星时，沿木星赤道平面从木星右侧绕过，在距木星13万千米的地方穿过木星云层，拍摄了第一张木星照片，并进行了10多项实验和测量，向地球发回第一批木星资料，为

□ “先驱者”10号探测器

□“先驱者”10号经过1年零9个月的长途跋涉后，于1973年12月3日与木星相会

揭开木星的奥秘立下了头功。

1976 年，“先驱者”10 号掠过土星轨道。1979 年它飞过天王星轨道。1983 年 6 月它飞过海王星轨道。1989 年 5 月，它飞过冥王星轨道，带着给外星人的“礼品”——“地球名片”，向银河系漫游而去。

“地球名片”是一块长 13.5 厘米、宽 7.5 厘米的镀金铝板，上面记载着有关地球在宇宙中的位置和探测器建造、发射时间的信息。其中，太阳的位置是用它与 14 颗脉冲星的相对位置关系来表示的。铝板上还绘有太阳系的图案，太阳与当时的九大行星按由内向外的顺序画出，圆圈的大小代表星体的相对尺寸。从左数第四个小圆圈发出的曲线表示“先驱者”号探测器的太空旅程航迹：由太阳系的第三颗行星——地球出发，绕过第五颗行星——木星，向太阳系外飞去。最后，铝板上还刻有地球上裸体男女的形象，男人举起右手表示向外星人致意。在他们身后，是相同比例的“先驱者”号飞船的轮廓。这张“地球名片”的用途非常明显，期望宇宙中能有高智能生物截获它，并从这些图像和符号上得知银河系中的太阳系内有一个地球，地球上有生命存在。特殊的材料和加工工艺可以保证这张名片在星际空间中暴露数亿年而不变形、不变质。2003 年，高速飞行了 30 年的“先驱者”10号已经远在太阳系之外，这时，它距离地球120多亿千米，它发出的信号需要11个多小时才能到达地面！而且信号已经极其微弱。考虑到巨大的花费和发回的科学数据越来越少，2003年2月26日，美国宇航局宣布，由于“先驱者”10号的能量几乎已经耗尽，科学家已经不再指望和它取得任何联系。

现在，“先驱者”10号仍然在以4.8万千米的时速继续着它漫长的太空旅程，预计它将在大约200万年后抵达著名的黄道十二星座之一——金牛座。其实，200万年里人类早就可以找到办法超越“先驱者”10号了，但它在科技史上的意义却永远无法被超越。

知识链接

“先驱者”11号

1973年4月5日，美国又发射了一颗携带着一张“地球名片”的行星探测器——“先驱者”11号。它在探测了土星之后，于1989年与“先驱者”10号一起飞离了太阳系。现在，“先驱者”11号仍在飞行，但与地球的联系也已中断。

住在太空

科普档案 ●**航天环境**:密闭座舱 ●**功用**:保证宇航员身体健康安全

宇宙环境极为恶劣，为了保证宇航员的生命安全，科技人员研制了一个基本与外界隔绝的密闭环境——密闭座舱。它是宇宙飞船的重要组成部分，也是保证宇航员身体健康的环境控制与生命保障系统。

宇宙环境极为恶劣,对人体有害的主要因素是高真空、高缺氧、宇宙辐射、温度差异等,这些不利因素会对人体产生严重损害。在这种环境中,宇航员是无法生存和工作的。那么,怎样才能保证宇航员的生命安全呢?科技人员为宇航员研制了一个基本与外界隔绝的密闭环境——密闭座舱。它是宇宙飞船的一个重要组成部分,也是保证宇航员身体健康的环境控制与生命保障系统。宇航员在执行任务时,绝大部分时间是在密闭座舱中度过的。

宇宙飞船在载人飞行时舱内温度如不加控制,就会逐渐升高。因为人体代谢过程中所产生的热量,仪表设备运行时释放的热量,飞船上升和返回时由于空气与飞船外表面摩擦,产生大量的热量也会传入舱内,加之飞船运行时太阳辐射传入舱内的热量也很多, 这些都会使飞船座舱舱温升高。所以需要有一整套科学完善的温度控制系统,使舱内温度始终控制在22℃左右。另外,在宇宙飞船飞行过程中,宇航员呼出的气体和排出的汗都含有一定量的水蒸气,如不加以清除会越积越多,使宇航员感到不舒适。若湿度大,会对仪表等设施不利,所以舱内设有湿度控制系统。

密闭座舱是一个狭小的环境, 必须对不断产生的污染物加以净化,而为密闭座舱除尘也是不太容易的。因为在失重条件下,残渣、尘埃不会自动下落,它们会在舱内到处乱飞。除用吸尘器外,还得用湿布擦拭舱内器壁和物体上的灰尘。如果遇上水珠、饭渣甚至粪便等垃圾不慎飞入舱内空间,就得大清理。有一次宇航员在航天飞机上做动物实验时，不慎将动物笼中的粪便微粒逸出笼外，在航内乱飞，结果搞得几名航天乘员不得不像防瘟疫那样，戴上口罩、手套，穿上罩衣，用吸尘器吸，用湿布擦，才把这些垃圾除掉。

宇航员在密闭座舱中睡觉是一种真正的“糊涂觉”，其表现一是黑白不分，二是睡姿奇异。黑白不分，是说宇航员在绕地球航行时，太空日出日落由航天器绕地球一圈的时间而定。有时24小时内日出日落交替许多次，宇航员无法遵循地球上“日出而作，日落而息”的生活习惯，只好机械地按钟点安排工作和睡觉；睡姿奇异，是说宇航员在太空失重环境中找不到“躺”的感觉。在地球重力环境中，人们习惯于把地心引力的方向定为“下”，把“天”的方向定为“上”，可是到了失重的环境里，人们失去了“上”“下”的参照坐标，脚踩不到地，四周全是天，你根本分不清上、下，因此睡觉也就没有了“平躺”一说。由于无论站着、躺着，还是趴着都可以入睡，所以宇航员睡觉可以飘在太空舱里睡，挂在墙上睡，绑在床上睡，也可以吊在梁上睡，靠在桌边睡。

□宇航员、地球与宇宙飞船

由于太空的失重环境，在地球上看似简单的洗脸、刷牙、刮胡子、理发以及洗涤，到了太空都变成了很复杂和麻烦的事。

宇航员洗脸、刷牙比较奇特，为了防止水到处乱飘，一般用湿毛巾擦一擦脸就算是洗脸了；刷牙时，用手指蘸上牙膏来回蹭几下，然后再用湿毛巾把牙齿擦干净，刷牙就算完成。宇航员刮胡子一般使用电动剃须刀，使用时还必须十分小心不能让胡子茬从剃须刀边漏出来。太空舱本来就十分狭小,环保问题就显得极为重要。如果细小的胡茬飘在座舱里,清理起来会十分困难。

对于宇航员来说,在太空洗澡是件最麻烦的事,一般隔一个星期才能淋浴一次。因为在太空舱水是很宝贵的,洗一次澡代价很大。宇航员在太空洗一次澡要花费不少时间,准备工作就需要几个小时。淋浴时,先跨进一个直径约 1 米的圆环中,然后拉起圆环,连着圆环的折叠布筒像手风琴的风箱一样伸开,把圆环固定在天花板上,人就完全被罩在里面。打开水龙头前,宇航员必须把双脚固定好,不然飘浮着的身体被水一冲就会翻筋斗,还要戴好呼吸罩和护目器,因为在失重状态下,水会呛伤人,甚至把人溺死。以上准备工作完毕后就可以打开喷头,水珠便流在布筒和身上,然后四处飘飞,由于水是定量供给的,所以宇航员擦身时必须关上喷头,擦好后再用剩下的水冲洗。宇航员的洗发液是特制的。这种洗发液 96%的成分是从植物中提取的。由于在太空中不可能有很多的水供给宇航员冲洗头发,所以宇航员使用的洗发液是免冲型的。它在失重的状态下能变为十分细小的颗粒。洗头时,它很容易带走头上的污垢。洗完后,用餐巾纸或毛巾一擦,洗发液就被清除得一干二净。用这种太空洗发液洗过的头发,完全不用发胶、摩丝和吹风机,既能显示头发的自然美又特别容易梳理。

宇宙飞船上宇航员大小便的处理有其相当的科学性。密闭座舱内的马桶都是抽气马桶,靠气流将大小便带走,装进专门的收集袋,然后用密封袋密封投入便筒,便筒装满后会自动弹出舱外。这种“太空马桶”技术复杂,造价极其昂贵。

密闭座舱中的供水是怎么解决的呢?一般来说,飞船飞行时间较短的,一般采用储水器从地面上携带饮用水到太空。氢氧燃料电池产生的水也是一种水源,这种水经过去氢和银离子消毒器消毒后装入水箱。另外,宇航员洗涤后的污水及尿液经蒸馏、过滤消除有毒物质及杂质,检验合格后也可送入储水箱,供生活用水。

在失重环境中,由于人体骨骼不再支撑体重,因而骨骼中的钙会流失,肌肉会萎缩。所以，宇航员生活在太空当中，必须进行体育锻炼，以增强对失重及其他航天环境的适应能力，减少航天飞行中不良环境对身体的有害影响。在长期航天的空间站内，都设有专为宇航员进行体育锻炼的"小型体育场"，设置一些特殊的航天体育器具供宇航员使用。

宇航员在浩瀚的太空中总是"举目无亲"，为了减轻他们在太空的孤独感，科学家想了很多办法。20 世纪 80 年代后，美国和苏联先后开设了"太空专线电话"，可以让宇航员和家属通话。美国宇航局甚至还公布了"太空专线电话"号码，此举使得每有航天飞机上天，这条专线就变成了最繁忙的热线。

知识链接

人工重力

由于失重会给人体造成一系列的生理危害和不利影响，为了保障宇航员在太空中的健康和安全，科学家们采取了许多措施，但效果都不是非常理想。研究表明，克服失重不利影响的最好办法就是用人工的办法产生重力。现在，科学家们正在研究人工重力，它将使未来的太空生活与地球上没有太大差别，使太空变成人类在地球之外的另一个家园。

食在太空

科普档案 ●**航天事件**:宇航员饮食 ●**方式**:固定住身体进食,用软管或对着水袋挤着喝水

在失重的太空中，宇航员的饮食变得十分复杂，从他们的营养需求、食品的制备和供给，到进食方式都非常有趣。

吃饭、喝水对于我们生活在地球上的人来说,是最平常不过的事。但在失重的太空中,宇航员的饮食就会变得十分复杂,而且非常奇妙。从宇航员的营养需求、食品的制备和供给,到他们的进食方式都非常有趣。

宇航员在执行航天任务和返回着陆等待救援期间的食品和饮水被称为航天食品。航天食品从本质上讲与地面上的普通食品一样,都是为人体提供能量和营养的。但因它是被宇航员携带上天并在失重环境下食用的,就会有其独特的食用特点和严格的技术要求。比如为了节省飞船的空间和发射时的有效载荷,宇航员携带的航天食品应尽可能重量轻,体积小;为了防止宇航员在太空失重条件下进食时食物在飞船舱内四处漂浮,航天食品就要被加工成一个个一口大小的“一口吃”食品,而且食品包装内不能有流动的汤汁。另外,由于失重和空间运动病等因素的影响,宇航员在太空飞行时食欲会降低,导致进食减少,影响能量的摄取和营养的平衡。要克服这种状况,满

□航天食品

□如今，宇航员进食类似在家中进餐

足宇航员的心理和口味要求，就要尽可能提供一些他们比较熟悉的食物，不仅量足而且要品种多样，方便他们按照自己的口味进行配餐。现在，航天食品已经发展到了100多种，可以保证宇航员们在一日三餐的条件下，食谱一周之内不重复。

在航天飞行活动中，如何进食对宇航员来说也是一个不小的考验。宇航员使用的太空餐桌是特制的。它具有磁性，能吸住刀、叉、勺、碗、盘等餐具。另外，吃饭前，宇航员必须先把脚固定在地板上，把身体固定在坐椅上，以免飘动。

吃饭时，宇航员要特别注意不要使食品破碎或掉屑，因为碎屑在舱内漂浮起来，会带来一定的危险，如影响仪表、仪器的正常运转，影响宇航员的视线，还有可能被宇航员吸入呼吸道或掉进宇航员的眼睛里。在早期苏联和美国的航天飞行中，宇航员采取"嘴对嘴"的进食方式，就是将经过特殊加工的液体或半固体食品装在类似牙膏管的容器内，进食时通过一根导管将食品直接挤入口内。随着人们对失重环境的反复体验以及认识的不断加深，加上包装新材料和新技术的应用，航天食品的种类在不断增加，进食方法也越来越接近地面。如今宇航员可将一餐所食用的5～6种食物组装在一个餐盘上，然后用与我们普通餐具外形无异的餐具，以类似于在家中进餐的方式进食。

在太空中喝水也不容易，因为水在失重环境中是不流动的，不能像在地面那样往低处流。一个装满水的杯子朝上朝下放都是一样的，杯子里的水不会自己流出来，如果动它一下，杯子和水会同时漂浮起来。那么，宇航员怎么喝水呢？太空中的饮用水和航天食品一样，也是用密封袋装的，可用软管或对着袋嘴挤着喝。在太空中喝的饮料通常装在袋中，有固体和液体之分。如是固体饮料粉，就得用一种“水枪式”的工具往袋里注水，这时会出现一种有趣的水和固体不相溶解的现象，还需加力才能溶解。喝水时用手挤着喝，劲儿还不能过猛，否则水会被挤到空间变成雾状。

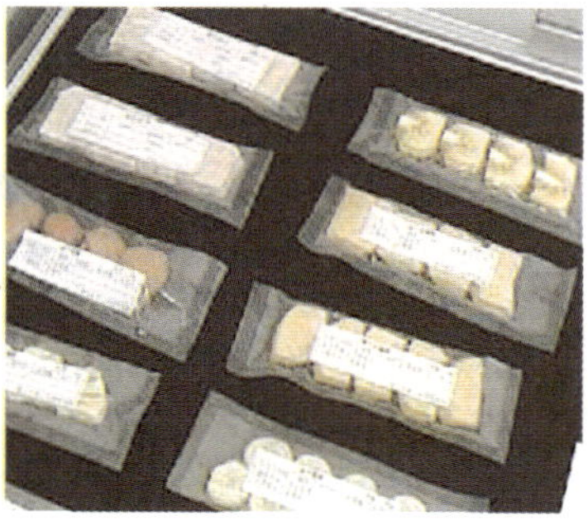

知识链接

航天食品的供给方式

航天食品的供给方式大致可分为两种：一是将地面食品带上天的补给式方式；二是在载人飞船上就地从原料生产直接加工成食品的自给式方式。由于载人飞船发射费用非常高，约合每千克 1 万美元，所以迄今为止，美国和俄罗斯都是采用补给方式提供航天食品。

穿在太空

科普档案 ●**航天装备:**航天服 ●**分类:**舱内航天服、舱外航天服 ●**功用:**防护救生

航天服是保障宇航员的生命活动和工作能力的个人密闭装备。可防护空间的真空、高低温、太阳辐射和微流星等环境因素对人体的危害。

人们对于服装的认识多局限于其蔽体、保暖、美观等功能。当人类进入太空就会发现,航天服的作用早已超出了传统范畴。因为太空接近真空的压力环境、极端的温度环境、缺乏生命所需的氧气、空间的陨尘、碎片和空间辐射的威胁等,都需要为宇航员在太空的生活和工作提供良好的防护和保障系统的航天服。航天服按功能可分为舱内用应急航天服和舱外用航天服。

□我国自主研制的舱内航天服

飞船在轨道飞行过程中,宇航员一般是不用穿航天服的。当飞船座舱发生泄漏,压力突然降低时,宇航员要及时穿上舱内航天服,并接通舱内与之配套的供氧、供气系统,服装内就会立即充气加压,并能提供一定的温度保障和通信功能,保证宇航员在飞船发生故障时能够安全返回。在正常航行时,宇航员一般只在飞船上升或下降时穿上舱内航天服,以免在发射或返回阶段飞船发生故障。

宇航员在太空飞行中所戴的头盔的盔壳由聚碳酸酯制成,它不仅能隔音、隔

热和防碰撞，而且还具有减震好、重量轻的性能。头盔面部有舷窗，以便宇航员看到飞船内外的景象。所戴的手套与航天服相配套，在充气加压后，仍具有良好的活动性能和保暖性能。此外，航天服上还配有废物处理装置和生物测量装置。废物处理装置就是用于收集尿液的高性能吸收材料。生物测量装置可通过贴在宇航员身上的电极，经生物测量带、服装电接头等传递测量数据，使宇航员的心电、呼吸、血压等生理信号直接通过飞船遥测系统传到地面飞行控制中心。

□“神舟”七号宇航服

□打开的舱外航天服背包和服装进入口

舱内航天服一般重10千克左右，加工制作十分复杂，要经过上千道工序。因此，它的造价十分昂贵，生产一套舱内航天服一般需几十万元人民币。

与舱内航天服比起来，舱外航天服更为复杂，它是宇航员出舱进入开放的宇宙空间进行活动的保障和支持系统。舱外航天服结构上由微流量防护层、真空隔热屏蔽层、气密限制层、通风结构和液冷服等组成，具备独立的生命保障和工作能力，包括极端热环境的防护和人体平衡控制、氧气供应和压力控制。服内具备微环境的通风净化、测控与通信，以及电源系统，宇航员视觉防护与保障系统。此外，它还具有良好活动性能的关节系统以及在系统故障情况下的应急供氧系统。一套舱外航天服系统重量大约为

120千克，但是在太空中漫步，一切都处于失重状态，即便宇航员穿上如此笨重的衣服照样可以轻松地行走。

经过不断地发展完善，现代的舱外航天服实际上是一个小型的载人航天器及生命保障系统。它可在长达7个小时内向剧烈消耗体力的宇航员供给必要的氧、冷却水、电力。不仅如此，头盔内侧还可供给500毫升的饮料和少量的航天食品。因其技术的高密集度和工艺复杂性，目前研制生产一件舱外航天服要花费上千万美元。

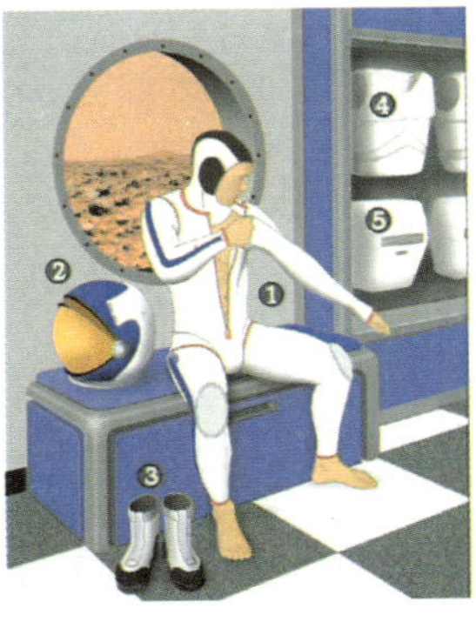

知识链接

未来航天服

为了迎接空间站时代的到来，美国宇航局正在致力于开发新的航天服。尽管建造空间站时，宇航员也可以穿着航天飞机用的航天服工作，但它显然已经难以满足今后在太空中频繁活动的需要。据美国宇航局预测，太空时代，每个航天员每年需在太空中工作1000小时，为此要求未来航天服不但要耐用，而且要大幅度降低成本。

航天设备发明

□问鼎苍穹的航天之旅

第2章

驶向太空的火箭列车

科普档案 ●**航天发明:**建造多级火箭 ●**提出人:**齐奥尔科夫斯基 ●**目的:**提升火箭速度

为了达到把卫星送上地球轨道所需的每秒7.9千米的第一宇宙速度,俄国科学家齐奥尔科夫斯基想出了一个绝妙的办法:建造被称为“火箭列车”的多级火箭,以达到摆脱地球引力的目的。

火箭的实质是一种无人驾驶的飞行器,也叫空间运载工具。它的任务就是把称为有效载荷的人造地球卫星、宇宙飞船、航天飞机、星际探测器等送入各自的空间轨道,去完成它们的使命。

科学家们在寻求建造作为天梯的火箭的过程中,发现单级火箭无论采用固体或液体燃料的性能多么好,按照现在的先进技术所能达到的最大速度为每秒6千米,也就是说,根本达不到把卫星送上地球轨道所需的每秒7.9千米的第一宇宙速度。那么,怎么解决这个难题呢?在现有条件下,俄国科学家齐奥尔科夫斯基想出了一个绝妙的办法:建造被称为“火箭列车”的多级火箭,就是把两节以上的火箭串联或并联起来,组成一列多级火箭来提高火箭的速度,以达到摆脱地球引力的目的。

多级火箭系列是应用一种质量抛扔原理,即火箭发射后,把已经完成任务的无用结构抛掉,使火箭发动机的能量最大限度地用于提高航天器的能量,从而间接地减轻火箭的结构质量,提高火箭的质量比。这样,在使用同样性能的火箭发动机和相同技术水平的箭体结构的条件下,用单级火箭无法达到的宇宙速度,而用多级火箭就能达到这个速度。

世界各国研制的运载火箭已有数十种,其大小不等,形状各异,但其结构形式基本上分为两类:一类是各级首尾联结的串联式火箭,另一类是下面两级并联、上面一级串联的混合式火箭。运载火箭的大小,由其飞行任务要求的有效载荷和飞行轨道而定。若飞行轨道相同，有效载荷越重，则火箭起飞质量越大；若有效载荷不变，飞行轨道越高，火箭的起飞质量也越大。

由于卫星或飞船等航天器的轨道较高，本身质量也大，所以运载火箭都是一些身高体重的庞然大物。它们的质量至少几十吨，一般为100多吨到几百吨，有的甚至可达两三千吨。火箭高一般为三四十米，有的超过100米。火箭直径都在1米以上，一般为3米左右，最粗可达10米。在通常情况下，发射一颗质量为1吨的卫星，运载火箭质量为50~100吨。如美国发射"阿波罗"号飞船的"土星"5号运载火箭，全长110.7米，直径10米，起飞质量为2840吨；"阿波罗"号的质量只有41.5吨。这是目前世界上最长的"火箭列车"了。

这种三级"火箭列车"是如何驶出地球到太空去的呢？它耸立在发射台上，首先由地面控制中心指令第一级火箭发动机点火，火箭徐徐上升，加速飞行，逐渐按预定方向转弯，100多秒钟后，火箭达到70千米左右的高度，第一级燃料耗尽后火箭发动机关机，并脱离整个火箭列车坠落地面；第二级接着点火，继续加速飞行，火箭飞出稠密大气层，达到预定高度和速度时，第二级燃料用完后火箭发动机关机并分离，火箭靠获得的能量开始惯性飞行；第三级火箭发动机点火工作，当加速到预定速度时，第三级火箭发动机关机，航天器与火箭分离，最后把航天器推入预定轨道。当然，运载火箭也不是级数越多越好，因为多加一级，不仅制造工艺和级间分离技术多一层困难，而且所能增加的速度也有一定限制，最多只能比单级火箭的速

□"土星"5号运载火箭

度提高70%。现在，一枚三级火箭能达到的速度已超过单级火箭速度的45%，因此限于各种因素的影响，“火箭列车”都选在二级至四级之间，一般用三级的居多。

苏联著名航天总设计师科罗廖夫根据齐奥尔科夫斯基关于“火箭列车”的思想，首先提出用单级火箭串联和并联结合的方式组成多级火箭，实现宇宙航行的设计方案。这个方案是用一枚较长的地球物理火箭作芯级，芯级长29.17米，直径2.95米，装一台液体火箭发动机；在其周围捆绑4台助推器组成助推级，助推级长19米，直径3米，各装一台液体发动机。这样把芯级和并联的助推级串联起来，组成一枚两级液体火箭，从而产生足够的推力和需要的速度，把安装在火箭最上面整流罩内的人造卫星送入地球轨道。这种火箭发射时，5台发动机同时点火，火箭飞行120秒后，4个捆绑的助推器工作完成，与其脱离并被抛掉，这时火箭飞行高度为50千米，飞行速度达到每秒3.2千米。然后芯级的火箭发动机继续工作180秒，使火箭加速到每秒8千米的速度，此时卫星与火箭脱离，被推进到环绕地球的预定轨道上飞行。

从最初的单级火箭问世，到后来多级火箭的使用，经历了漫长的半个世纪，人类终于借助齐奥尔科夫斯基设想的“火箭列车”驶进了太空的大门。

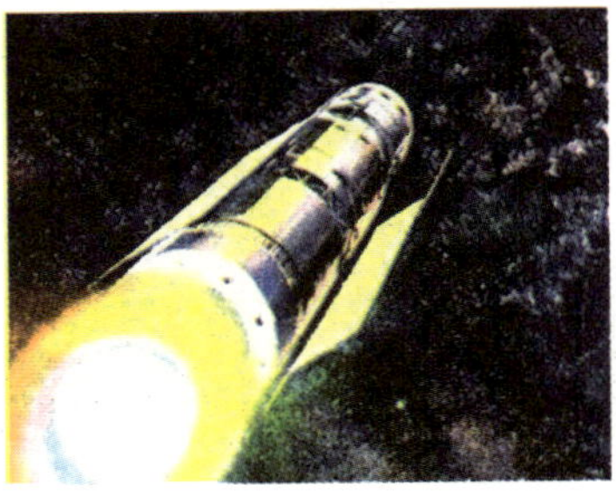

知识链接

运载火箭

早期的运载火箭大多数由弹道式导弹改装而成，后来为适应不同航天发射任务的需要，专门研制了系列化的运载火箭。许多运载火箭的第一级外围捆绑有火箭助推器。助推器可以是固体或液体火箭，其数量可根据运载能力的需要来选择。

太空“礼炮”

科普档案 ●**航天发明:**空间站 ●**名称:**“礼炮”1号 ●**发射时间:**1971年4月

1971年4月19日，苏联发射了世界上第一个空间站——“礼炮”1号，太空飞行进入了一个新的阶段。“礼炮”1号空间站在太空运行6个月，相继与“联盟”10号、“联盟”11号两艘飞船对接组成轨道联合体，完成任务后于同年10月11日在太平洋上空坠毁。

人类并不满足于在太空作短暂的旅游，为了开发太空，需要建立长期生活和工作的基地。于是，随着航天技术的进步，在太空建立新居所——空间站的条件成熟了。苏联在同美国竞争登月失败后，为了在下一轮的竞赛中获得主动，决定全力以赴发展空间站计划。

1970年，苏联开始了“礼炮”1号空间站的建造工作。与此同时，他们对“联盟”号飞船进行了改装，以便使之成为空间站的辅助运输工具。1971年4月19日，人类历史上第一座空间站——“礼炮”1号发射升空。它在太空运行6个月，相继与“联盟”10号、“联盟”11号飞船对接组成轨道联合体，每艘飞船各载3名宇航员，共在空间站上停留了26天。从此，载人太空飞行进入了一个新的阶段，人类在太空长期工作和生活的愿望成为现实。

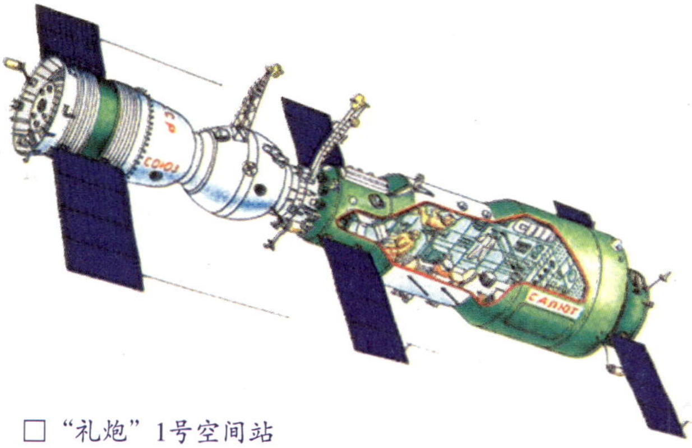

□“礼炮”1号空间站

从“礼炮”1号到“礼炮”5号被认为是第一代礼炮号空间站。它们与“联盟”号宇宙飞船对接，组成“礼炮—联盟”航天复合体。第一代礼炮号空间站由三大部分组成：过渡舱、工作舱和设备舱。过渡舱

□“礼炮”7号空间站

□世界上第一个长久性空间站“和平”号

一般长3米，直径2米，主要用于装载一些重要的仪器和设备。工作舱由两个直径不同的圆柱体组成，总长为9米左右。第一工作舱内有能操纵空间站的主工作台及控制站上系统工作的仪器。此外，生命保障系统的控制板及空气再生装置也在此舱内。第二工作舱内设有科学仪器舱，其内装有X射线望远镜等仪器。此外，这里设有食品冷藏柜、供水系统的水箱、两个向舱外排出各种废物用的气闸室及在壁橱内的保健卫生包，上部设有睡眠袋。工作台后侧是“太空体育场”，装有自行车测功器和跑步器。设备舱直径为2.2米，长度为3.7米。这是非密封舱段，其内装有轨道修正发动机装置及姿态控制发动机组和电视摄像机等设备。

第一代礼炮号空间站只有一个对接口，即只能与一艘飞船对接飞行。站上的食品、氧气、燃料储备有限，补给问题无法解决，轨道站的寿命也不是很长。所以经过改进，第二代的“礼炮”6号和7号两座轨道站增加了一个对接口，可以同时与两艘飞船对接组成轨道复合体。除接待“联盟”号载人飞船外，“进步”号货运飞船定期飞往轨道站，为宇航员运送工作和生活所需的物品，包括燃料和科学实验设备。这样就使宇航员在站上的活动范围更广，停留时间延长。

“礼炮”6号自1977年9月29日进入轨道，到1982年7月29日重返大气层时烧毁，在太空飞行近5年，共接待18艘“联盟”号和“联盟T号”载人飞船。有 16 批 33 名宇航员到站上工作，累计载人飞行 176 天。其中 1980 年宇航员波波夫和柳明创造了在空间站飞行 185 天的纪录。“礼炮”7 号空间站进入轨道飞行后，接待了“联盟 T 号”飞船的 11 批 28 名宇航员，其中包括第一位进行太空行走的女宇航员萨维茨卡娅。1984 年，宇航员基齐姆维约夫和阿季科夫在空间站创造了 237 天的飞行纪录。“礼炮”7 号空间站载人飞行累计达 800 多天，直到 1986 年 8 月停止使用。

通过研制及运行“礼炮”6 号和“礼炮”7 号这两个实用空间站，苏联积累了相当丰富的载人航天经验。不久，更新一代的航天站“和平”号上天，开辟了载人航天从考察试验向广泛进行生产活动过渡的新阶段。

知识链接

空间站

空间站又称“宇宙岛”，是一种在近地轨道长时间运行，可供多名宇航员在其中生活工作和巡访的载人航天器。小型的空间站可一次发射完成，较大型的可分批发射组件，在太空中组装成为整体。在空间站中要有人能够生活的一切设施，可以不再返回地球。

太阳侦察员

科普档案 ●**航天器:**“尤利西斯”号太阳探测器 ●**任务:**探测太阳两极 ●**发射时间:**1990年

为了全面考察太阳，美国宇航局和欧洲空间局联合研制了最新型的太阳“侦察员”——“尤利西斯”号太阳探测器，准备让它围绕太阳两极做南北绕转，使科学家能全方位地观察太阳两极。

20世纪60年代以来，世界各国相继发射了几十个专为探测太阳用的人造天体,使人类对太阳有了很好的了解。但这些人造天体都是在位于太阳中部的黄道平面内运行,所以无法从正面考察太阳极区。于是,美国宇航局和欧洲空间局联合研制了一颗最新型的太阳“侦察员”——“尤利西斯”号太阳探测器,准备让它在黄道平面垂直运行,也就是围绕太阳两极做南北绕转,使科学家能全方位地观察太阳两极。

“尤利西斯”号要想进入垂直轨道飞行,必须具备比“第三宇宙速度”还要快得多的速度,人造天体要想达到这个速度就必须“借力”。那么,怎么借力、借谁的力呢？早在20世纪70年代,宇航科学家们就已经研究出一种叫“引力支援”技术或称“引力跳板”技术。就是当一颗人造天体飞至某行星附近时,在一定距离上,受该行星的引力吸引,如距离适当,其飞行速度会突然增大，大大提高这个飞船的飞行速度，也就是可以借助行星的引力增大速度。这种“借力”技术,大大帮助了人造天体的航行。该项技术应用以来,已有多艘行星际探测器利用这种巧妙的

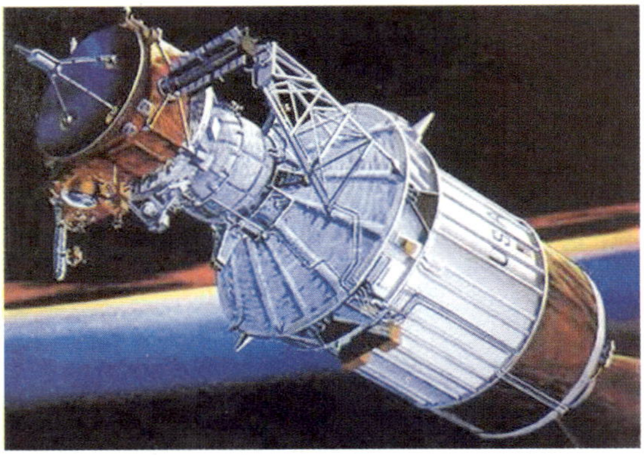

□“尤利西斯”号

跳板，从一个轨道跳到另一个轨道。

科学家们决定让“尤利西斯”号借助太阳系最大的木星的强大引力提速。他们为这位“太阳极区侦察员”设计了一条巧妙的路线：它离开航天飞机母舱之后，立即与太阳“背道而驰”，直向木星奔去。经过16个月的长途航行，到达木星的最佳“借力点”——离木星42.8万千米处，突然扭转方向，垂直地把航行轨道偏90度，绕过木星北极，转到背面，再拐向南方，这样就进入了垂直于黄道面的平面。这时，它的飞行方向不仅转了90度，而且速度可递增到每秒126千米，即每小时45.4万千米！然后它再绕一个大圈，飞向太阳南极上空，成为第一颗人造太阳垂直行星。

□飞行途中的“尤利西斯”号

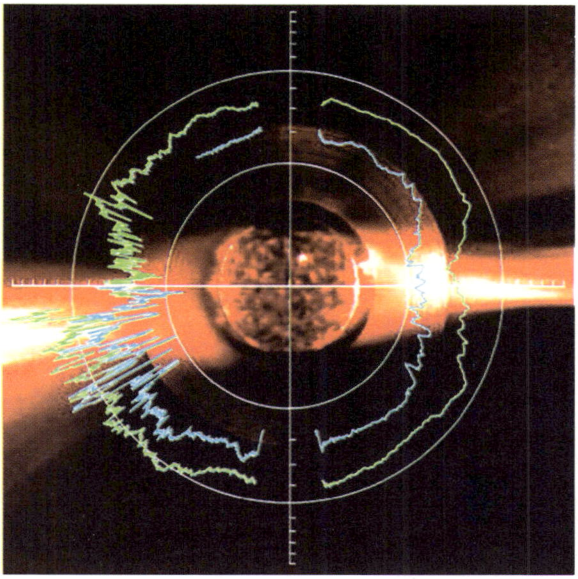

□“尤利西斯”号测量的全球太阳风压

1990年10月6日，“尤利西斯”号太阳探测器船由美国“发现”号航天飞机在太空成功施放。离开航天飞机后，“尤利西斯”号经过16个月的航行，于1992年2月到达木星；然后沿垂直轨道航行2年3个月，于1994年5月25日到达太阳南纬70度上空，用4个月时间在南极上空飞行、考察。其中在1994年7月到达太阳最高点，开始向北飞行；然后于1995年2月初，它在距太阳2.2亿千米上空，从南向北跨越太阳赤道；1995年5月26日飞抵太阳北纬70度地区上空，也用4个月时间探测、考察北极地区；于

1995 年 7 月飞越北极最高点，9 月再飞到北纬 70 度上空飞离北极区。

“尤利西斯”号的设计服役期限仅为 5 年，但它却围绕太阳执行了 18 年任务，创下了人类观测太阳最长时间的纪录。由于燃料开始冻结，2009 年 6 月 30 日，这位功勋卓著的太阳“侦察员”按计划完全关闭了信号发射器，地面控制人员此后便失去了与它的联系。尽管已经被“冻死”在太空，今后无法再传回数据，但“尤利西斯”号依然会绕着太阳继续运转，并会持续数百年之久。

知识链接

“尤利西斯”

“尤利西斯”是一名希腊神话人物奥德修斯的拉丁文名字。《荷马史诗》中的奥德修斯历尽 10 年艰辛返回故国，成为名垂史册的英雄人物。而被冠以英雄之名的这位太阳“侦察员”也凭借它的赫赫战功，成就了科学探索史的一段传奇。它对太阳的探测被认为是 20 世纪末最重要的一次宇航活动。

太空育种

科普档案 ●**航天发明:**航天育种 ●**目的:**通过太空综合环境因素诱发植物种子的基因变异

航天育种是将植物种子或枝芽搭载于返回式航天器，利用太空微重加重离子、多种宇宙射线、大交变磁场和短期过载等因素，使种子基因发生突变，获得高品质的新品种，从而显著提高农作物产量、品质和档次。

航天育种是将植物种子或枝芽搭载于返回式航天器,利用太空微重加重离子、多种宇宙射线、大交变磁场和短期过载等因素,使种子基因发生突变,获得高品质的新品种,从而显著提高农作物产量、品质和档次。目前,世界上只有美国、俄罗斯、中国三个国家拥有返回式卫星技术。在太空育种方面,我国走在了世界前列。

利用太空环境研究植物生长发育和遗传变异的工作始于20世纪60年代。我国从1987年8月5日发射的第9颗返回式卫星首次搭载青椒、小麦、水稻等一批种子起,开始了我国在太空育种领域的有益尝试。至今,已成功进行了10余次太空育种试验。前后共有70多种植物1000多个品种的植物种子上过太空。

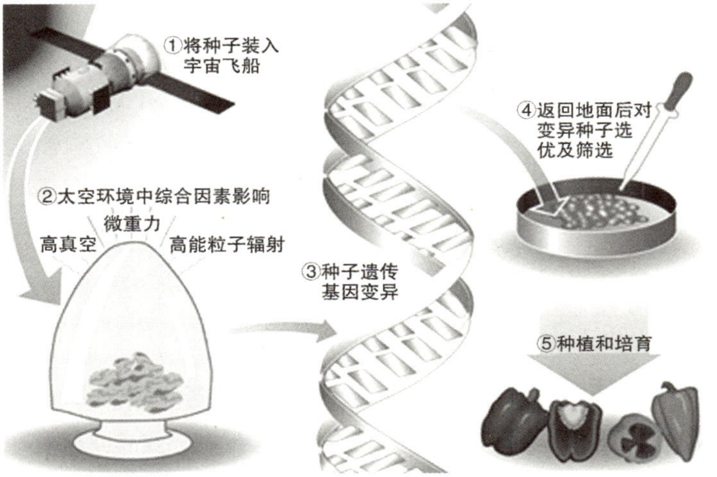

□太空育种示意图

通过太空育种,培育出了一批新的突变类型和具有优良性状的新品种。太空水稻出现了大穗、

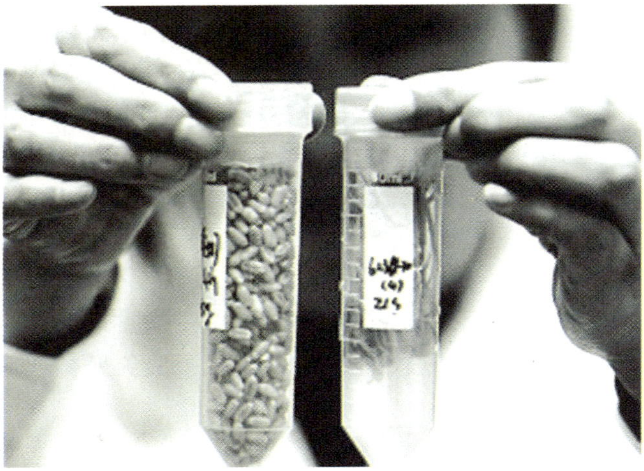
□“乘坐”我国首颗航天育种卫星后返回地面的种子

大粒、优质、高产的新品系。如经太空诱变育种培育出的航育1号水稻新品种株高降低14厘米，生长期缩短13天，增产5%～10%；再如华航1号水稻新品种穗大、粒多、结实率高，可增产10%，亩产达500千克以上；太空小麦培育出矮秆、早熟、抗倒伏、抗病害、蛋白质含量高的丰产类型；太空青椒枝叶粗壮，果大肉厚，免疫力强，单果重350～600克，单季亩产3500～4000千克，最高可达5000千克，比普通青椒增产20%～30%；太空黄瓜，藤壮瓜多，瓜体奇大，单果重850～1100克，抗病力强。特别是雌花开得多，是地面瓜秧的1.5倍。虽然它的皮厚了点儿，但瓜肉非常清凉爽口、汁多肉嫩；太空番茄长势尤为喜人，株高茎粗，果穗增多，比常规番茄增产15%以上，最高可增产23.3%；“太空樱桃番茄”，含糖量高达13%，与柑橘含糖量相当，口感鲜甜，可当水果食用；太空西瓜的显著特点是含糖量达13%以上，可溶性固形物增多，纤维少，个头大，吃起来沙甜可口；太空玉米能结出6～7个“棒子”，可长出5种颜色，而且味道也比普通玉米好。

地面上普通的青椒、番茄、黄瓜，上天转一遭回来，就摇身一变换了模样。很多人都有些不放心，这些东西能吃吗？

专家普遍认为，太空育种并没有将外源基因导入作物中使之产生变异。作为诱变育种技术，太空育种可使作物本身的染色体产生缺失、重复、易位、倒置等基因突变。这种变异和自然界植物的自然变异一样，只是时间和频率有所改变。太空育种本质上只是加速了生物界需要几百年甚至上千年才能产生的自然变异。太空中宇宙射线的辐射较强，这是植物发生基因变异的重要条件之一。目前，人工辐射育种中的辐射剂量只是国际食品安全辐射量的几十分之一，而太空中的辐射剂量还不到辐射育种辐射剂量的1%。宇宙射线引起的基因变异经常会让人想到转基因食品。转基因作物是将外源基因导入植物体内而培育出的新品种，如转基因大豆是将非大豆植物甚至动物、微生物的基因导入而产生的变异。而太空育种则是让作物的种子自身发生变异，没有外源基因的导入。我国颁布的有关转基因安全管理规定中特别排除了对自身通过突变产生的新物种的管理，这也说明太空育种是非常安全的，不用担心其产品的安全性。

太空育种这一选育良种的新手段，具有不可低估的经济效益和社会效益，具有十分广阔的市场。太空种子必将播撒广袤的大地，生产出更多更好的太空食品，给人类带来无限的福音！

知识链接

太空育种

正常的农业育种一般需要 8 年，太空育种可以缩短一半的时间。太空种子在回到地面后要进行第一次试种，然后对每一株进行检测。选择有良好变异的单株进行第二代种植，把性状不好的全部淘汰掉，把好的突变体后代再进行第三代种植。第三代种植后，把最好性状的种子搜集起来种植第四代，以获得稳定的新品种。

天外千里眼

科普档案 ●**航天发明**:哈勃太空望远镜 ●**目标**:建立能长期在太空中进行观测的轨道天文台

为了摆脱地球大气层的干扰和束缚，让人类在太空中拥有一双洞彻宇宙的“千里眼”，1990 年，世界上第一台太空望远镜问世了，这就是哈勃太空望远镜。

人们在地面上看远处的物体,最远也不会超过 1000 米,而望远镜正是人眼的延伸。长期以来,科学家们梦寐以求摆脱地球大气层的干扰和束缚,把望远镜送上太空,让人类在太空中拥有一双洞彻宇宙的“千里眼”。1990 年,世界上第一台太空望远镜问世了,这就是哈勃太空望远镜。

哈勃太空望远镜是由美国宇航局主持建造的 4 座巨型空间天文台项目中的第一台,它是为了纪念美国天文学家哈勃而命名的。哈勃是近代天文学史上的一位传奇人物，他于 1924 年利用当时世界上最大的反射式望远镜——口径 2.54 米的胡克望远镜,发现旋涡状的仙女座大星云存在造父变星。他根据周光关系推算出该星云在银河系之外,同时证明该星云是同银河系一样的恒星系统,称为“河外星系”。科学界公认,哈勃是星系天文学的奠基人和观测宇宙学的先驱者。

□美国天文学家哈勃

哈勃望远镜的外观像一个 5 层楼高的圆筒,从 1979 年蓝图设计到 1990 年投入观测，总耗资 15 亿美元。若按重量计算,平均每克造价接近 130 美元,远比纯金要贵。1990 年 4 月 25 日清晨，美国肯尼迪航天中心，随着“发现”号航天飞机一飞冲天，哈勃太空望远镜随之升入太空。此后，它就一直运行于距离地面 600 千米的高空，成为人类天文史上最重要的仪器。在长达 20 多年的孤独太空旅行中，哈勃望远镜帮助人类加深了对星系形成的了解，大致确定了宇宙诞生的年龄，增加了对恒星演化历程的认识，并通过对遥远的类星体的研究，探察了宇宙的结构。

□哈勃太空望远镜

其实，哈勃望远镜从上太空起就处于“带病坚持工作”状态。最初，它因为镜片的微小误差而不幸成了“近视眼”，后来宇航员亲手给它加装了“近视镜”才将它的视力矫正过来。那是宇航员对哈勃望远镜进行的第一次维护。后来，对哈勃望远镜的人工维护又进行了 4 次。尽管每次大修以后，哈勃望远镜都面貌一新，特别是 2001 年科学家利用哥伦比亚航天飞机对它进行的第四次大修，为它安装测绘照相机，更换太阳能电池板，更换已工作 11 年的电力控制装置，并激活处于“休眠”状态的近红外照相机和多目标分光计，然而，大修仍掩盖不住它的“老态”。

□哈勃太空望远镜拍摄的美丽太空

2009 年 5 月，“亚特兰蒂斯”号航天飞机上的宇航员通过 5 次太空行走对哈勃望远镜又实施了一次维护，为其更换了相机、电池、陀螺仪、对接环、光谱仪等设备。新安装的广角相机价值 1.32 亿美元，天文学家有望利用它观测宇宙诞生后5亿年~6亿年时的场景。新陀螺仪可以帮助哈勃望远镜更精确地对准宇宙中更遥远的天体。在退役返回地球时，哈勃望远镜可借助对接环与一艘遥控飞船相连，进而被引导至太平洋上空。新安装的“宇宙起源光谱仪”是迄今太空中灵敏度最高的，装备了这一新“武器”的哈勃望远镜将可以向地面科学家提供宇宙中遥远天体的温度、密度及其运行速度的精确数据。这将是对它的最后一次维护，预计将其寿命延长至2013年后。事实上，就在2015年和2016年，天文学家还利用哈勃望远镜完成了两次重大发现。

知识链接

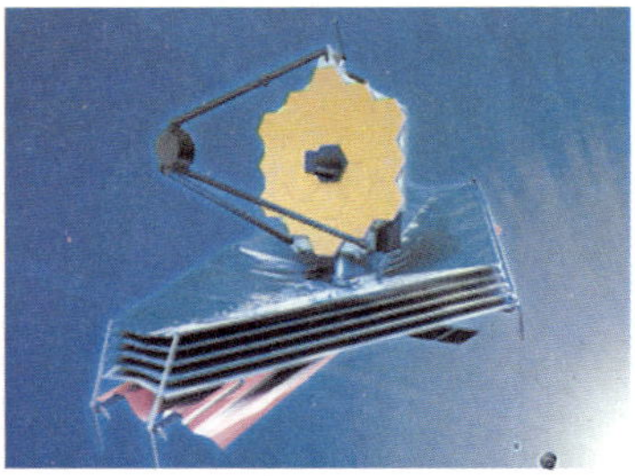

詹姆斯·韦布太空望远镜

美国宇航局已经公布了用于取代哈勃望远镜的下一代太空望远镜——詹姆斯·韦布太空望远镜。它由美国、欧洲和加拿大航空机构合作完成，耗资45亿美元，其体积是哈勃望远镜的3倍，捕捉光线的能力是哈勃望远镜的6倍。预计它将于2018年由欧洲空间局的“阿丽亚娜”火箭送上太空。

航天学科猜想

□问鼎苍穹的航天之旅

第3章

未来的空天飞机

科普档案 ●**航天器**:既能航空又能航天的新型飞行器:空天飞机 ●**优点**:能自由往返于天地间

随着科学技术的进步，科学家们正在逐步把航空和航天飞行器朝着有机地结合成一体的方向推进。近年来，世界上出现了一种将航空航天技术结合在一起的飞行器方案，这就是空天飞机。

航空和航天是两个不同的技术领域,但随着科学技术的进步,科学家们正在逐步把航空和航天飞行器朝着有机地结合成一体的方向推进。近年来,世界上出现了一种将航空航天技术结合在一起的飞行器方案,这就是空天飞机。

1986 年 2 月 4 日,也就是"挑战者"号航天飞机失事一个星期后,美国宣布研制航空航天飞机"东方快车",以逐步取代航天飞机。顾名思义,空天飞机是一种集飞机、运载器、航天器等多重功能于一身,既能航空又能航天的新型飞行器,其奥妙之处在于它的动力装置。这种动力装置既不同于飞机发动机,也不同于火箭发动机,这是一种混合配置的动力装置。空天飞机安装有涡轮喷气发动机、冲压发动机和火箭发动机。涡轮喷气发动机可以使空天飞机水平起飞。当速度超过每小时 2400 千

□空天飞机是实现全球范围空运的一种经济而有效的工具

米时，就使用冲压发动机，使空天飞机在离地面 6 万米的大气层内以每小时 3 万千米的速度飞行。如果再用火箭发动机加速，空天飞机就会冲出大气层，像航天飞机一样，直接进入轨道。返回大气层后，它又能像普通飞机一样在机场着陆。

□升力体构型是未来空天飞机的主流

空天飞机作为一种高超音速运输机，具有推进效率高、耗油低、载重量大、飞行时间短等优点，是实现全球范围空运的一种经济而有效的工具。例如美国正在开发的新型空天飞机，在有人驾驶时，它能在普通机场水平起飞，然后在大气层内飞行。按照此时的飞行速度，从美国纽约飞往日本东京只需两小时；它还可以在地球大气层外的轨道飞行，此时的飞行速度为 25 倍音速，仅需 90 分钟就能绕地球 1 周。除了用作常规的民航机外，这种空天飞机还可代替现有的航天飞机进行太空飞行。其起飞重量不到第一代航天飞机总重的 1/5，也就是约 500 吨，而运载能力则提高了两倍多，可达 60 吨以上，这样就可大幅度降低航天运输费用。另外，空天飞机还具有重要的军事价值，可作为战略轰炸机、战略侦察机和远程截击机使用，这对进一步发挥战略空军的作用具有重要意义。

据估计，在未来航天时代，为了开发和利用太空资源，世界各国向太空运送人员、物资和器材的任务每年将达到数千次之多，空天飞机一旦投入使用，将立即显现出其优势。

目前，航天飞机运送每千克有效载荷进入地球轨道的费用达 11607 美元，而空天飞机的预计运输费用至少可降到目前航天飞机的 1/10，甚至可降到 1%。另外，空天飞机的发射费用也要比航天飞机低很多，这主要是因为它不需要专门的发射场，而且可以重复使用。预计第一代空天飞机可以重复使用 200～500 次，而且完成一次飞行任务后，经 1 周的维护就能再次起飞，能适应频繁发射的需要。

空天飞机可能成为 21 世纪最先进、最经济、最有效的航天运载工具，它将代表着今后数十年内航天运载技术的发展方向。相信在不久的将来，人类就可以方便快捷地进入太空，到那个时候，登天就不再是难事了。

知识链接

空天飞机的类型

目前设想的空天飞机有单级型和两级型这两类。单级型以英国的“霍托尔”为代表。它长 162 米，水平起落，发射费用为航天飞机的 1/5。两级型空天飞机以德国研制的“桑格尔”为代表，它由驮运飞机和轨道器组成。发射时，驮运飞机飞 30 千米以后，轨道器上的火箭点火，速度加到更大。

太空之帆

科普档案 ●**航天器**：能靠阳光漫游太空的“太阳帆”飞船 ●**优点**：不需携带燃料并能一直加速

长期以来，人们一直设想开发一种以阳光为能源的航天器——“太阳帆”飞船。宇航专家们认为，“太阳帆”飞船能靠阳光漫游太空，不需携带燃料并能一直加速，是未来唯一可以送人类到达遥远的太阳系外星系的航天器。

1969年7月，当3名美国宇航员乘坐“阿波罗”11号宇宙飞船实现具有历史意义的登月之旅时，20多米高的运载火箭共携带了2500吨燃料。为了摆脱庞大的运载工具，长期以来，人们一直设想开发一种以阳光为能源的航天器——“太阳帆”飞船。

著名天文学家开普勒在400多年前就曾设想不需要携带任何能源，仅仅依靠太阳光能就可使宇宙飞船驰骋太空。20世纪初，几位科学幻想小说家曾写过有关用反射镜面推动宇宙飞船的故事。但“太阳帆”飞船这一概念到20世纪20年代才明晰起来。1924年，航天事业的先驱齐奥尔科夫斯基和同事灿德尔明确提出了利用太阳帆进行星际航行的设想。此后，许多科学家做了长期探索，直到70年代后期，美国和苏联才开始提出太阳帆设计方案，开始考虑用光能推动航天器。

□著名天文学家开普勒

我们知道，光是由没有静态质量但有动量的光子构成的。当光子撞击到光滑的平面上时，可以像从墙上反弹回来的乒乓球一样改变运动方向，并给撞击物体以相应的作用力。因为在太空中运行的航天器处于失重状

□ “宇宙1号” 太阳帆

态，又无空气阻力，所以只要加少许力的作用，就会改变航天器的运行方向和速度。太阳帆接受光压的作用，不仅可以在需要时改变航天器的运行轨道，而且将以每秒约1毫米的速度加速移动。如果把它当作真正的宇宙飞行器使用，那么它在展开光帆1天后，按理论计算，它的时速将提高到160千米，100天后飞船的时速将达到16000千米，如果它能持续飞行3年，速度会被提升到每小时24万千米，这可是人类任何飞行器都没有达到过的速度，要比第二宇宙速度快6倍，比第三宇宙速度快4倍！如果用它来探测冥王星的话，可以在不到5年的时间里到达，而最快的传统飞船至少需要9年。

1976年，美国喷气推进实验室的科学家提出建造一艘太阳帆飞船，与1986年返回太阳系的哈雷彗星相会。但美国宇航局认为这一方案面临的风险太大，并没有同意这个建议。1999年和2001年，俄罗斯也曾两次发射太阳能飞行器，但均以失败告终。

但科学家们对太阳帆宇宙飞行器的研究并未终止。2005年6月22日，备受瞩目的全球第一个太阳帆宇宙飞行器——“宇宙1号”要进行一次全新的尝试了。当日凌晨4点46分，“宇宙1号”从位于巴伦支海的俄罗斯核潜艇上顺利升空，踏上了遨游太空之旅。在发射最初的6分钟，地面接收到的信号表明飞船一切正常。根据预定计划，“宇宙1号”在发射升空后，首先被送入距离地面824千米的轨道接受地面控制人员的各类测试；然后，它将历时101分钟环绕地球飞行1圈；此后，地面控制人员将发出无线指令，要求“宇宙1号”开始展开8面巨大而轻盈漂亮的太阳帆。就在人们还沉浸在喜悦的气氛中时，15分钟后突然传来一个不幸的消息：“宇宙1号”与地面失去了联系。

虽然屡遭挫折，但宇航专家们坚持认为，“太阳帆”飞船能靠阳光漫游太空，不需携带燃料并能一直加速，是未来唯一可以送人类到达遥远的太阳系外星系的航天器。

知识链接

未来的“太阳帆”飞船

宇航专家们预测，未来的“太阳帆”飞船将依靠绕地球轨道运行的一台强力激光器和一个置于土星和海王星间的巨型聚焦透镜提供能量，以1/10光速的速度飞行，在40年时间内到达距地球最近的阿尔法半人马座恒星。此后，借助另一颗恒星发出的光继续飞行。

人造天梯

科普档案 ●**航天设想：**人造天梯 ●**优点：**可以昼夜不停地把旅游者和货物送上太空

1999年，美国宇航局发表了《天梯：太空的先进基础设施》一文，标志着“天梯”将从幻想走向现实。太空天梯一旦建成，就可以昼夜不停地开展运输工作，把旅游者和货物源源不断地送上太空了。

1910年，灿德尔提出了一种空间升降机的设计方案。他设想用一根近6万千米长的绳子从月球伸到地球，人们可以沿这条绳子运送货物，就像用索道运送货物一样。1978年，著名科幻作家阿瑟·克拉克出版了科幻巨著《天堂之泉》。他设想从位于地球静止轨道上的一颗卫星上向下伸展出一个梯子，直达地球赤道表面，人们即可像乘坐电梯一样到太空中去游览观光并运送货物。21年后的1999年，美国宇航局发表了《天梯：太空的先进基础设施》一文，标志着“天梯”将从幻想走向现实。

2004年6月30日，在华盛顿召开的第三届国际天梯会议上，专家们对天梯这一宏伟构想进行了探讨。时隔仅仅9个月，2005年3月23日，美国宇航局正式宣布太空天梯已成为世纪挑战的首选项目。以研究天梯而著称的美国科学家爱德华兹在论文中写道：“天梯可以使人类历史实现跳

□人造天梯设想图

跃性的发展。”他认为自己构想中的初版天梯可能在2019年问世，其成本为70亿~100亿美元，与人类其他大型太空工程相比，这项费用并不算太高。

□纳米技术的发展，有可能使“太空电梯”变成现实

爱德华兹是这样描述天梯的建造过程的：第一步，把一个携带天梯半成品的飞船或航天飞机发射到地球静止轨道上，使其和地球同步飞行；第二步，把这个半成品的天梯从飞船上放下来，落到赤道海面的一个平台上，这个平台类似一般的海上发射卫星的平台；第三步，把半成品的天梯锚定在平台上；第四步，用一个由激光提供能量的爬升器在这个半成品的天梯上上下移动，并把更多“缆绳”拧在天梯半成品上，进一步完成天梯。

计划是制订出来了，可用什么材料来制造既要异常坚硬又要特别轻巧，而且还能抵抗所有腐蚀的“缆绳”呢？1991年，日本科学家发明了纳米碳管，这种材料的重量虽然只是钢的1/6，但韧度要比钢高出几百倍，问题是生产成本太高。2004年，英国科学家宣布，他们成功地用纳米碳管组成的纤维织成了“纳米绳”。因纳米碳管的直径是一根头发直径的1/5000，其刚度是钢材的10倍，其硬度是金刚石的2倍，故而由它们构成的“纳米绳”虽然很细，但刚度和硬度都很大，将来可用于建造太空天梯。

我们知道，航天器围绕地球飞行而掉不下来的速度是随着距离地面的高度而变化的。轨道高度越低，地球引力就越大，所需要的飞行环绕速度也就越大，反之亦然。如果天梯上每一点线速度所产生的离心力都小于当地的地球引力的话，就无法与地球引力相平衡，最终整个天梯只能是连同飞船一块回落到地面上。如何才能防止天梯掉下来呢？办法就是从地球静止轨道的飞船上再向上建造一个上天梯，使其产生的离心力合力能够平衡下天梯受到的地球引力的合力。上天梯的受力情况正好与下天梯相反。它上面每一点获得的线速度都大于当地需要的环绕速度，所产生的离心力都大于当地的离心力。沿着上天梯向上走，点的位置越高，线速度越大，产生的离心力随之增大，而地球引力却越来越小。这就使上天梯受到一个向上的合力。当这个向上的合力与下天梯受到的向下的合力相等时，整个天梯就能悬在太空，以与地球自转相同的速度旋转而掉不下来了。

美国宇航局预计完成“天梯”将需要50年时间，目前已经有科学家开始考虑怎样避免在乘客搭乘这座未来“天梯”时受到太空辐射的伤害。据估计，“太空天梯”运送1千克物品升上太空仅需10美元，而目前运载火箭或航天飞机运送1千克有效载荷约需1万美元。不言而喻，太空天梯一旦建成，就可以昼夜不停地开展运输工作，把旅游者和货物源源不断地送上太空了。

知识链接

太空天梯

根据专家设想，太空天梯也可由电磁能驱动。建成后的这个天梯犹如一条上下垂直的高速公路，爬升器可沿着它把成吨重的物资或乘客缓缓运送到离地面约3.6万千米高的地球静止轨道上，用时需5～7天。

飞船逐日

科普档案 ●航天器："太阳探测器＋" ●任务：近距离探测两大太阳奥秘——日冕和太阳风

为了探测困扰科学家多年的两大太阳奥秘——日冕和太阳风，美国宇航局和欧洲空间局决定派遣"太阳探测器+"探测飞船对太阳进行近距离研究。目前，"太阳探测器+"仍处于早期设计阶段。

在太阳系里，太阳是众行星之王。虽然人类每天都能感受它的存在，享受它赐予的恩惠，但它对人类来说仍然非常神秘。为了解开这些谜团，美国宇航局和欧洲空间局决定派遣一艘探测飞船对太阳进行近距离研究，直接探测困扰科学家多年的两大太阳奥秘——日冕和太阳风。

执行这次近距离探测太阳任务的是"太阳探测器＋"，目前它仍处于早期设计阶段。按计划，该探测器将通过太阳能驱动，依靠液冷式太阳能电池板获得持久的电力供应，当阳光变得过于强烈时，太阳能板可以收缩藏在隔热板后面。探测器上还将携带一台磁力计、一台等离子波探测器、一台尘埃探测器、一些电子和离子分析仪等。但最让科学家兴奋的是它上面将携带一个半球成像仪，这虽然是一台望远镜，但却能够拍摄出太阳日冕的三维图像。

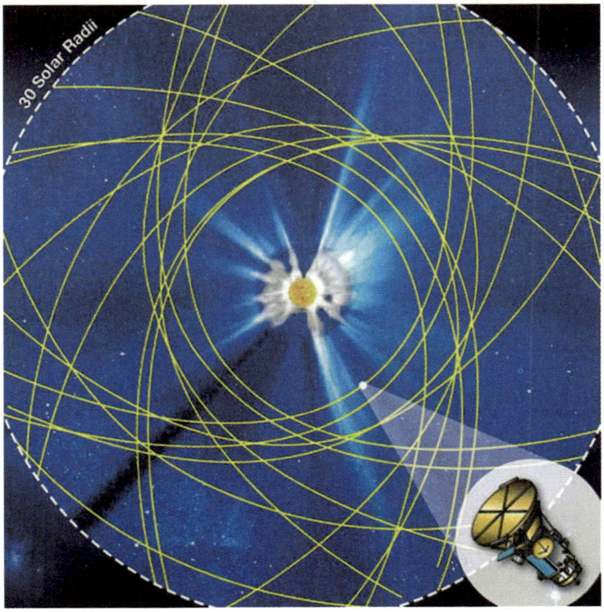

□美国欲派探测器造访太阳

日冕的温度是困扰科学

□日冕爆发

□太阳风

家多年的谜团之一。所谓“日冕”其实是太阳大气的最外层，其亮度只有太阳本身的百万分之一，因此只能在发生日食时才能被看到。从理论上讲，离太阳核心越远温度越低才对。可实际上，太阳表面温度是6000℃，而日冕温度竟高达200万℃。对于这种奇特的现象，科学界有两种具有代表性的解释。第一种说法是，这和太阳的震动有关。持这个观点的人把太阳比作一口震动不止的钟，热能则像声波似的穿透包裹太阳的各层气体。仔细观察拍摄精致的太阳照片就会发现，控制日冕的磁场在太阳表面形成了巨大的磁力线。热离子从太阳内部喷发后，沿磁力线以100千米/秒的速度向外运动，到达太阳表面后释放的热量被日冕吸收。第二种说法是，太阳的磁场就在日冕层下面。它持续运动，引起磁场扭曲变形。扭曲剧烈时，磁场会发生断裂现象。在它重新合拢之前，能量就通过断口，从太阳内部释放到日冕层里了。这两种理论到底谁是谁非，科学界至今仍未做定论。

太阳风是困扰科学家的第二个谜团。所谓“太阳风”是日冕以极高的速度向空间抛射出的高温带电粒子流。太阳风有两种类型，高速太阳风和低速太阳风。低速太阳风前进的速度为150万千米/小时，高速太阳风则高达300万千米/小时。当太阳风掠过地球时会使地球磁场发生变化，这有可能使地球轨道上的卫星遭到破坏、通信受到干扰、电力供应中断等。长期以来科学家一直在研究太阳风如此之高的速度从何而来，但都不能获得满意的解答。

"太阳探测器+"发射升空后，将在长达6年时间里，先后7次借助金星之力飞进日冕进行探测。金星的引力可以轻微改变飞船轨道，让它一次比一次更深入地潜进太阳大气层。届时，飞船的碳合成抗热板将承受超过1400℃以上的高温以及高辐射的太阳风风暴。预计在2018年左右，我们就可以看到这场飞船"逐日"的大戏！

知识链接

高精尖设备观测太阳活动

除了发射太阳探测器外，近年来，科学家们还准备将一批高精尖设备安装在国际空间站服务舱中，对太阳定期进行观测，从而掌握太阳周期性的活动对其自身物理变化的过程，以及这个过程对地球气候和人类各领域活动的影响。

神秘的反物质飞船

科普档案 ●**航天器**:反物质飞船 ●**优点**:旅途更安全,不会产生残留物,速度更快

科幻小说中，大多数自主型恒星飞船使用反物质作燃料，原因是反物质是最具潜力的燃料。现在，科学家们正致力于研究开发反物质，也许未来人类真的可以借助科幻小说里描述的能源遨游太空。

科幻小说中,大多数自主型恒星飞船使用反物质做燃料,原因是反物质是最具潜力的燃料。现在,科学家们正致力于研究开发反物质,也许未来人类真的可以借助科幻小说里描述的能源遨游太空。

什么是反物质,它为什么可以为航天器提供动力呢?我们知道,世上万物都是由质子、中子和电子所组成的,这些粒子因而被称为基本粒子。1928年,英国青年物理学家狄拉克首次从理论上论证了一种特殊粒子的存在。他认为这种粒子除了电性和电子相反外,一切性质和电子相同。4年后,狄拉克所预言的粒子被一名美国科学家找到了,这种粒子的质量和带电量同电子一样,只是它带的是正电,而电子带的是负电。因此,人们称它为正电子。

正电子的发现引起了科学界的震惊和轰动。它是偶然的还是具有普遍性?如果具有普遍性,那么其他粒子是不是都具有反粒子?于是,科学家们在探索微观世界的研究中又增加了一个寻找的目标。1955年,美国物理学家西格雷等人用人工的方法获得了反质子。后来,又发现了反中子。几年后,基本粒子中的反粒子差不多全被人们找

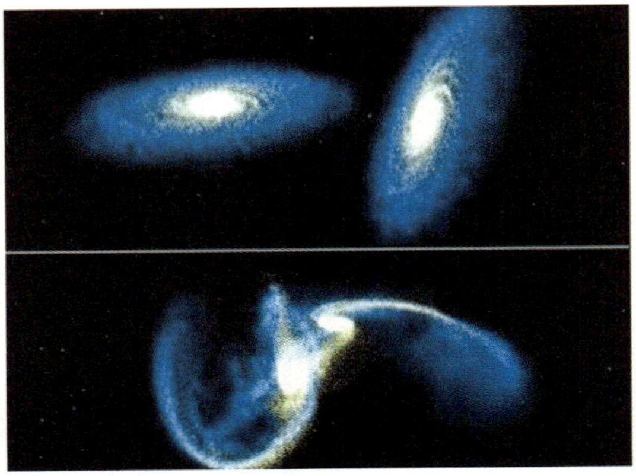

□反物质

到了。科学家们把由反质子、反中子和反电子结合形成的反原子构成的物质称为“反物质”。

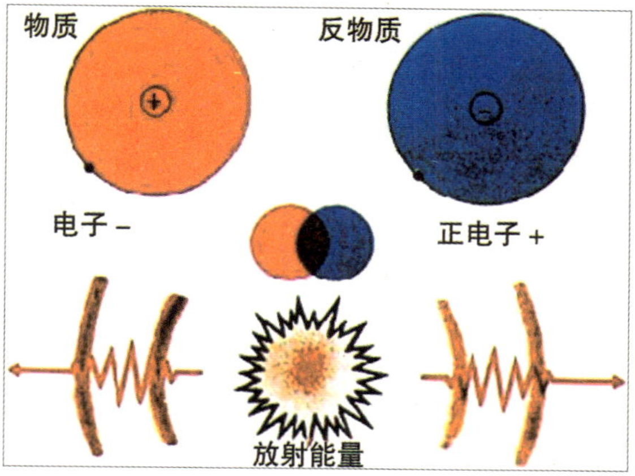

□反物质与正物质接触，会在瞬间释放出巨大能量

反物质一旦同组成我们世界的“正物质”接触，便会产生“湮灭”现象，在瞬间释放巨大能量，并且不会像核弹那样产生放射线污染，所以被认为是一种最理想的清洁能源。据计算，1 克反物质产生的能量，就足以为 23 架航天飞机提供动力。所以反物质的应用，很早就已为宇航专家们所关注，他们希望从根本上改变未来太空飞船的能源供应模式。

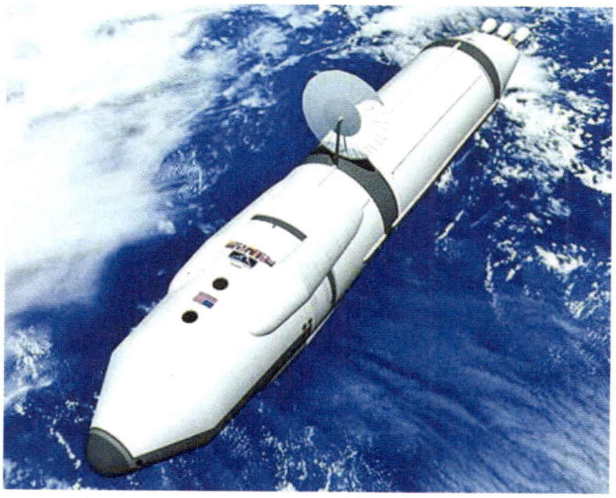
□美国研制的反物质太空船

以前的反物质太空船设计使用反质子。后来科学家发现，反质子在湮灭时会产生危害性的高能伽马射线，而正电子产生的伽马射线能量比反质子低 400 倍，所以使用正电子为飞船提供动力成为科学家们的首选。按照现在的宇航技术，要想把人类送上火星，需要成千上万吨的化学燃料，但是如果以正电子为燃料的话，仅仅几十毫克就能帮助人类实现登上火星的梦想，而且只需要 6 周时间。

在太空中，宇宙射线中高速粒子可以通过相互碰撞产生反物质。而在地球上，科学家们需要通过粒子加速器来生产反物质，此过程所需要的能量远大于湮灭作用所放出的能量，且生成反物质的速率极低，每生产 10 毫克正电子就要耗资约 2.5 亿美元。此外，如何储存正电子也是个大问题，因为它们会吞食正常物质，而现在人类还没有生产出由反物质制成的容器，所以只能将其存放在电磁场内。2008 年 9 月,美国一个科研小组声称他们已经成功研发了一种能长期有效储存反物质的容器。如果情况属实,那么这意味着人类已经为有效利用反物质迈出了重要的一步。

相信随着科学技术的不断发展和科学研究的不断深入,人们对反物质作用的认识一定会越来越深入,反物质必将为人类做出应有的贡献。

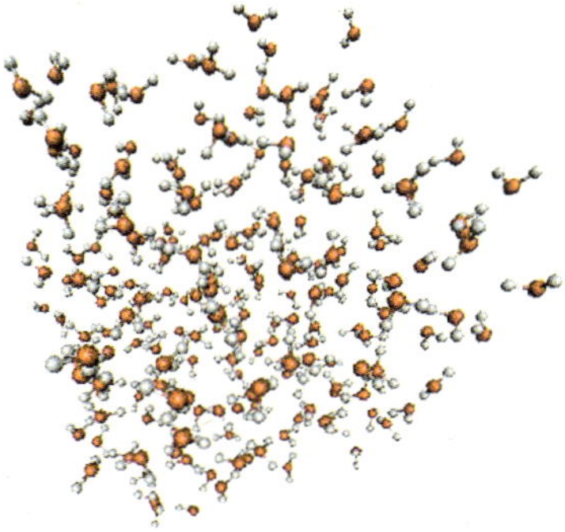

知识链接

"反物质"说

"反物质"说虽然现在还是科学上的一种假说，但反粒子等"负性物质"是确实存在的。1979 年，美国科学家在 35 千米高空发现了 28 个反质子。这是在地球以外第一次发现的反物质。现在，组成物质的 12 种基本粒子的全部反粒子都已经被科学家在加速器中找到。而且又发现了反氘、反氢、反氦等一系列反物质。

奇妙的空间系绳

科普档案	●航天技术:空间系绳系统	●分类:静态系绳系统、动态系绳系统、电磁系绳系统

空间系绳是指将卫星、飞船之间用一根长电缆或软管连在一起，让它们共同完成轨道飞行，从而完成现有的航天器不可能完成也不适于完成的太空任务。

空间系绳是指将卫星、飞船之间用一根长电缆或软管连在一起,让它们共同完成轨道飞行，从而完成现有的航天器不可能完成也不适于完成的太空任务。

早在1895年，齐奥尔科夫斯基在其著作《关于地球和天空的梦想》中最早描述了这种系统及其使用方法。1965年,苏联航天巨擘科罗廖夫准备开始做世界上第一个系绳系统的空间实验。他当时提出用一根1千米长的钢绳把“联盟”号飞船与运载火箭末级连在一起,使它们一起运转,在飞船上造成人工重力。但由于科罗廖夫过早的逝世，这一工作被迫停止了。

□空间系统

20世纪六七十年代,意大利科学家科隆博与在美国工作的意大利专家格罗西一起设计了许多系绳系统及其空间实际应用方案,并积极推动这一技术领域的发展。许多国家都做出了回应并开始着手研究这项新技术。

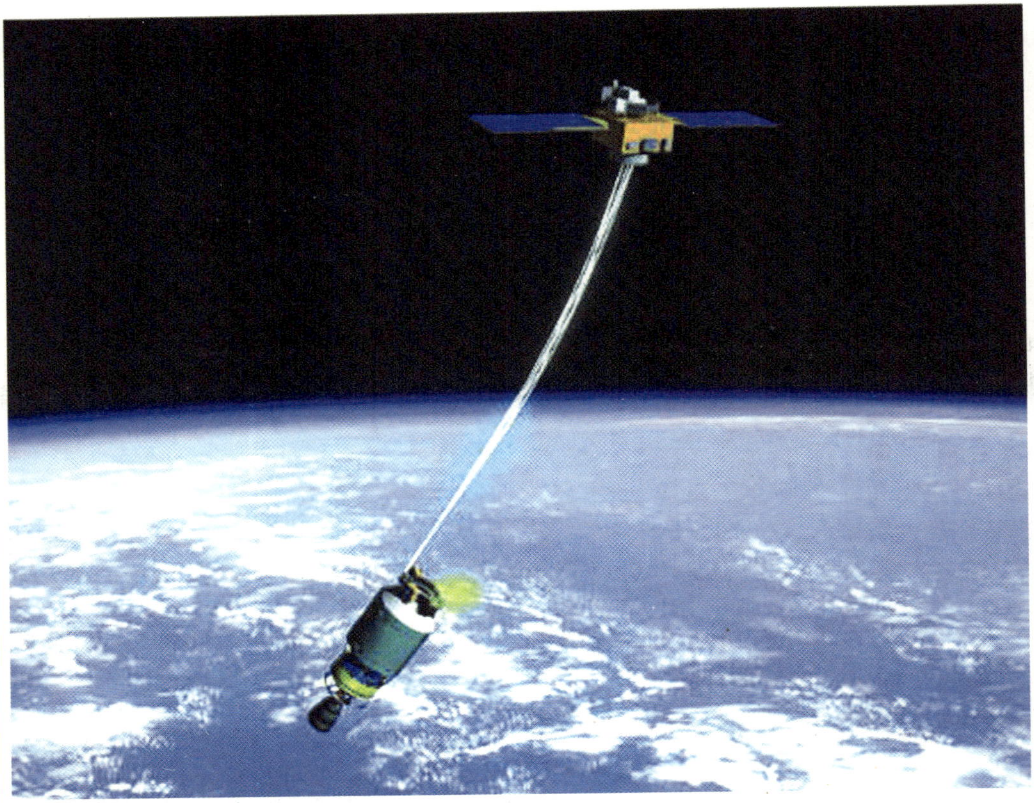

□系绳卫星系统

从1980年到1985年，美国和日本联合在328千米高空进行了4次试验。在前两次试验中，系绳分别伸长了30米和65米；在后两次试验中，系绳完全放出，完成了系绳系统电力研究。此后，加拿大分别于1989年和1995年用1千米长的系绳进行了两次试验。1992年，意大利和美国联合进行了TSS-1试验。在这次试验中，固定在长20千米的导电索上的意大利卫星被从美国“亚特兰蒂斯”号航天飞机上放出了265米。1996年2月，美国航天飞机再次在飞行过程中进行了这一试验。这一次，系绳全部被放出，但由于短路，系绳被烧断，昂贵的意大利卫星连同系绳一起坠入并消失在了茫茫太空。

苏联在1987年重新投入了空间系绳系统的研究工作。按照空间系绳系统的结构形式和在空间的实际应用方法，有关专家们把系绳系统分为静态系绳系统、动态系绳系统和电磁系绳系统3类。

静态系绳系统可用于深空、近地空间、地球大气和地球表面研究。在组成系绳系统的航天器上，可以在微重力环境下进行各种实验研究和技术操作，如生物医学研究、物质和材料生产、植物生长等。利用建筑原理组成系绳系统，可以在空间建成复杂的大型建筑，例如空间电站、住宅、工厂、温室等。

动态系绳系统可用于完成航天器的轨道机动而不消耗燃料，即用系绳把航天器抓住并把它拖走。例如，用约 50 千米长的系绳把货运飞船从空间站上吊下来，然后把它放开，飞船脱离轨道并降至地面，空间站则再升高自己的轨道，而不费一滴燃料。用沿着系绳运动的升降机可以运送货物和人员。利用一端连有系绳的传动杆，可以变换吊在系绳上的航天器在空间的指向。

电磁系绳系统是利用该系统在轨道上运动的部分动能，缓慢提高系绳系统的高度而不必消耗燃料。利用某种电动效应可以以最小的损失沿系绳在分散的各航天器之间传送电能。把系绳作为一个发射天线，可以实现低频波段无线电波的有效辐射。

目前，俄罗斯已经制订了空间系绳系统的发展规划。首先，在空间站上进行系绳 -1、系绳 -1A、火神和系绳 -2 等一系列空间系绳系统实验；然后，制造并在新的空间站上试运行运输型、发电型和研究型系绳系统；将来，制造载人空间站及其多功能系绳系统。

系绳系统可以改变未来航天系统的整个面貌，让我们共同期待着这一天的到来。

知识链接

永久性载人空间站

随着空间系绳系统研究工作的顺利发展，科学家们有可能在 21 世纪中叶建造成新一代永久性载人空间站。根据预先研究，这种空间站应是一种复杂的系绳系统，它由两个多组合站构成，多组合站由数条系绳连接，另有一部升降机沿着各站之间的系绳运行。

太空游客

科普档案 ●**航天事件:**平民游太空 ●**游客:**丹尼斯、沙特尔沃思、奥尔森、安萨里、西蒙尼、加里奥特

2000 年俄罗斯推出了平民太空游业务，只要掏 2000 万美元购买“船票”，普通人也可圆登天之梦，做一次太空游客。全球共有 6 位游客享受过世界上“最奢华”的太空旅游。

宇航员之外,其他人对于太空是可望而不可即的,但这种局面在 21 世纪初被打破了！俄罗斯于 2000 年推出了平民太空游业务，只要掏 2000 万美元购买“船票”,普通人也可圆登天之梦,做一次太空游客。

全球共有 6 位游客享受过世界上“最奢华”的太空旅游。第一位太空游客是时年 60 岁的美国富翁丹尼斯·蒂托,他曾任美国宇航局喷气推动实验室工程师,参与了火星和水星探测飞船飞行轨道的设计。2000 年他与俄罗斯宇航部门签署了一项协议,个人赞助 2000 万美元维持俄罗斯的“和平”号空间站,条件是亲自到“和平”号空间站上进行一次太空飞行。由于俄罗斯最终废弃了“和平”号空间站,丹尼斯·蒂托转而要求登上由美国、俄罗斯、日本、加拿大和欧洲国家等 16 个国家和地区合作建设的国际空间站。他的这个愿望最后终于实现了。2001 年 4 月 28 日,丹尼斯·蒂托同两名俄罗斯宇航员一起搭乘俄“联盟 TM-32”号载人飞船自拜科努尔发射场升空,两天后飞船与国际空间站成功对接，丹尼斯·蒂托在俄宇航员的陪同下进入国际空间站,6 天后乘坐俄“联盟 TM-31”号飞船返回舱返回地

□美国传感无限公司董事长奥尔森

面，结束了这次引起全球轰动的首次太空旅游。

第二位太空游客是时年29岁的南非人沙特尔沃思。他于2002年游历了国际空间站，并与宇航员们一同进行了医学、环保等方面的实验。第三位太空游客是时年60岁的美国传感无限公司董事长——奥尔森，于2005年进入太空。奥尔森还是一位材料学博士，他在空间站短短8天时间里共做了10项科学试验，其中包括晶体培养和地球大气湿度测量等。第四位太空游客，也是历史上首位女太空游客，是时年40岁的伊朗裔美国女企业家安萨里。她于2006年飞赴国际空间站并停留了9天，除了不断写网络日志记录下所见所闻外，她还成为欧洲空间局4项重要试验的测试对象。第五位太空游客是时年58岁的匈牙利裔美国人西蒙尼，他于2007年前往国际空间站。这位被称作“Word之父”的微软前软件工程师，“飞天”时还携带了丰盛大餐。

□伊朗裔美国女企业家安萨里

□“Word之父”西蒙尼

2008年10月12日，在哈萨克斯坦的拜科努尔发射场，世界第六位太空游客——美国电脑游戏开发商加里奥特乘俄罗斯“联盟TMA-13”号载人飞船升空，前往国际空间站。加里奥特的父亲是美国宇航局前宇航员，曾在美国第一个试验型空间站“天空实验室”逗留了59天。加里奥特从小就梦想遨游太空，这次旅行他在国际空间站上逗留了10天。

太空旅游虽然惊险刺激，但毕竟不同于地面旅游，对游客的身体素质要求非常高。据了解，整个太空飞行过程中，游客必须蜷缩在狭窄的太空舱内，忍受极不舒畅的航程。所以，太空游客在出发前必须接受数月的专门训练，以适应超重、失重等引力环境。不过，由于太空旅游持续时间并不长，一般只有8天左右，因此对太空游客的体质要求并没有长期在轨道上工作的宇航员那样严格，太空游客接受训练的时间也不会太长。但所有的训练都完成后，游客们最后还要签署一份协议，保证在旅行过程中一切由于个人原因造成的损害由游客本人负完全责任，与同行的宇航员无关。

在地球旅游业非常发达的今天，飞出地球体验遨游太空的美妙越来越引起了人们的兴趣。虽然在目前情况下，太空旅游还只是富人的“特权”，高昂的旅游费用让普通百姓望而却步，但不少专家认为，发展太空旅游大有前途。2008年，俄罗斯联邦航天署与美国太空冒险公司签署了一项建造“太空游”载人飞船的协议，旨在为更多人提供遨游太空的机会。“太空游”载人飞船以俄“联盟”载人飞船为蓝本，由一名专业宇航员驾驶，每次可同时将两名游客送入太空。

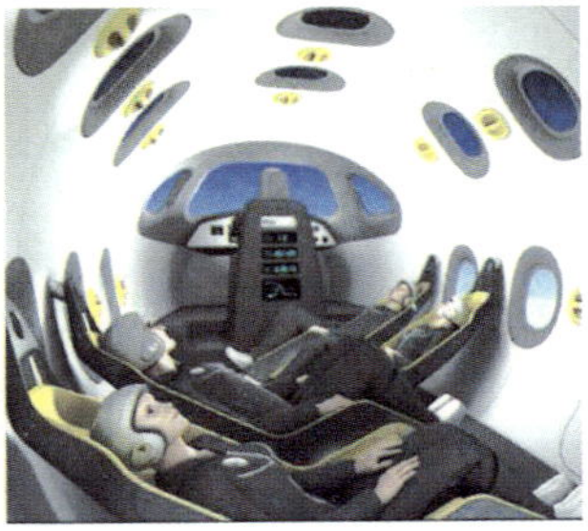

知识链接

太空旅游

随着科技的发展，在不久的将来，开展太空旅游的交通工具将不再局限于俄罗斯“联盟”系列飞船，旅游的目的地可能也不只是国际空间站，太空旅游也许会和乘坐飞机旅游一样费用大大降低，能够享受太空旅游的人也会不断增加。

月球上的能源宝藏

科普档案 ●**航天设想**:寻找月球上的能源 ●**优点**:耗资少,无污染,节省人力和物力,效率高

能源危机是 21 世纪人类社会生存、发展面临的最严重问题之一。开发月球上"洁净"的核能与太阳能,给人类未来展示了美好的前景。

人们一直在致力于寻找清洁的替代能源,然而几十年来却未能如愿。每当一种新能源似乎通过测试,总会有人发现其致命的缺陷。核能、风能、太阳能、水电能的运用都有一定的局限性。核裂变太危险,风能并不稳定,太阳能受限于天气和云层,水力发电水坝破坏自然环境。因此科学家有个新想法,为什么我们不在外太空中寻找能源呢?科学家首先把目光瞄准了月球。

"阿波罗"宇宙飞船登月时,宇航员从月球表面带回了月球岩石和尘埃。当科学家将月球尘埃加热以后,发现有氦元素的放射性,经过进一步的分析,认定这是氦的一种同位素氦 -3。它原本大量存在于太阳喷射出来的高能粒子流(太阳风)中,在几乎没有大气的月球上,"太阳风"直接降落下来,久而久之,在月面的沙粒、岩石中,大约集聚有上百万吨这种材料。虽然当时已经知道月球上存在大量的氦 -3,但科学家并不知道它有什么价值。10 多年后,美国科学家发现,当氦 -3 被加热到很高的温度并与氘结合时会放出巨大的

□"阿波罗"号宇航员在月球表面

□在月球上建造太阳能电站的设想图

能量，而且不放出任何具有污染性或者放射性的物质。如果用氦-3作为核聚变的原料，可以建成最安全的核电厂。可惜的是，地球上的氦-3极为稀少，天然气矿床中已知的氦-3资源只能维持一个500兆瓦规模发电厂数月的用量。可不可以开发月球上的氦-3来建设核电厂呢？美国科学家算了一笔账：月球岩石和尘埃中含有的氦-3所能提供的电能，已超过美国全国需要量的50万倍，开采、加工和运回氦-3所消耗的能量，与用氦-3发电得到的能量之比为1：250，而煤和铀分别是1：16和1：20。如果美国用宇宙飞船一次运回20吨液化氦-3，就可为美国提供1年所需电力的燃料，其价值相当于500亿美元，这是相当经济的。此外，从月壤中提取1吨氦-3，还可以得到约6300吨的氢、70吨的氮和1600吨碳，这些副产品也有着巨大的价值。

月球上除了拥有氦-3，还拥有大量的太阳能。早在1979年，美国宇航局专家就提出要在月球上建造太阳能电站。经过讨论，大家一致认为这是一个极好的建议，不仅能够实现，而且有着广阔的发展前景。这是因为在月球上建造太阳能电站比花费巨大的投资建造太阳能卫星电站要优越得多。首先，在月球上建造太阳能电站，不需要耗资巨大的大型卫星，也免去了将卫星送上轨道的麻烦，电站可以在月球上就地取材建造，这样就可以节省大量的人力和物力；其次，发电站建造在月球上，发电设备和向地面传送电能的激光器或微波器可以不受卫星的限制，制作得大一些，使发电能力和传送电能的效率大幅度提高；此外，由于月球本身所处的独特位置，也使它成为建造太阳能电站最理想的地方。如果发电站建在月球的南极或北极上，那么太阳光时刻都能照射在发电站的建筑物上，而且这个建筑物在任何时候都是一半向阳一半背阳，这样向阳的一面与背阳的一面的温差可达500℃，形成了最理想的温差发电环境。在这种情况下，装在发电设备中的工作液体就会沸腾起来，变成高速气体冲向汽轮机，使汽轮机高速旋转，并带动发电机发出电来。

由于月球既绕自身的旋转轴旋转，又绕地球转圈，两种转动是同步一致的，即月球自转1圈，同时也绕着地球转过1周。因此，月球就能始终以它的一面对着地球，如同同步通信卫星固定在地球上空一般，这样就便于激光器或微波器安置在向地球的一面，使它们能正好直接向地面发射激光或微波束，把电力送到地球上。地球上设有地面接收站，能接收从月球发来的激光或微波束，并将它们变成电能输入电网，供用户使用。

能源危机是21世纪人类社会生存、发展面临的最严重问题之一，开发月球上“洁净”的核能与太阳能，给人类未来展示了美好的前景。

知识链接

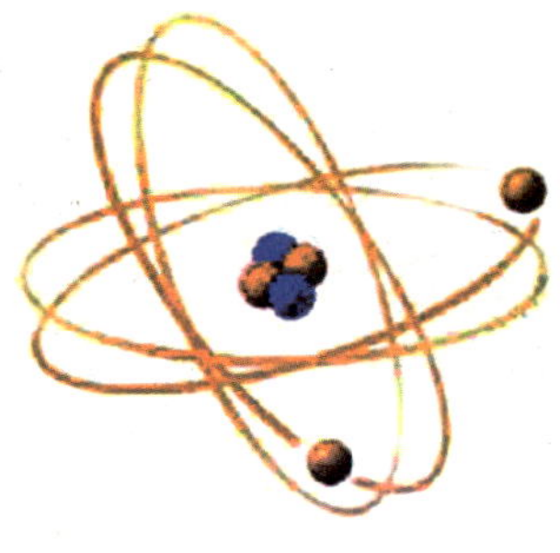

氦-3

目前，氦-3在月球上的分布特征还不是很清楚，因而它的提取是世界各国科学家面临的一大难题。只有通过大量的探测和重返月球进行实地考察，才能获得较为满意的回答。我国探月工程的一项重要计划，就是对氦-3含量和分布进行一次详细勘察，为人类未来利用月球核能奠定基础。

天上的都市

科普档案 ●**航天设想**:建造太空都市 ●**提出人**:美国科学家奥尼尔 ●**名称**:“太空岛”3号

地球上的人口直逼60亿红线，环境污染、资源匮乏、人口膨胀、土地减少困扰着人类，科学家因此把眼光投向了太空这块世外桃源。

地球上的人口已超过50亿，直逼60亿的红线，环境污染、资源匮乏、人口膨胀、土地减少在困扰着人类，到哪里去开辟新的家园？科学家把眼光投向了太空这块世外桃源。

这个未来的天上都市应该建在哪里呢？大家知道，近地轨道上运行的飞行器，即便空气非常稀薄也会使它慢慢减速而坠落，而远离地球数万千米的同步卫星寿命也只有几十年。因此，天上的都市必须建在远离地球的

□奥尼尔圆筒（“太空岛”3号）

地方，但是太远了，它又会摆脱地球的束缚，远离地球而去。科学家们计算发现，在月球的轨道上有一些特殊的点，太阳、地球、月球的引力相互平衡。物体在这些点上不会轻易离开自己的位置，具有永久性。因此，科学家们认为太空城市应该建在太空中的这些特殊的点上。

□美国宇航局提出的太空城市设计方案："太空岛"1号

"地址"选好了，那未来的天上都市该建成什么样子呢？科学家们提出了许多方案。美国科学家奥尼尔在他的《高边疆：人类的太空城》一书中，提出了一个名为"三号岛"的太空城，并设想未来人们可在这种太空城中居住生活。这所未来太空城是一座圆筒形的城市，长 32 千米，直径 6.4 千米，里面的居住面积为 1300 平方千米，可容纳 1000 万人生活。从城市的一头走到另一头，得花六七个小时。它是全封闭的，生活环境和地球完全一样。

这个圆筒形的太空城市，以中轴为旋转轴，每分钟自转 1 周，使得圆筒内壁产生一股离心力，正好跟地球表面的重力相等。圆筒的内壁正好是城市的地面。因此，生活在太空城的人，站在此地面上，跟站在地球的地面上的感觉是大同小异的。只是在太空城里，无论站在哪儿，你的头顶都正好正对着圆筒的中轴线。

为了使大圆筒内有充足的阳光，科学家设想将大圆筒的壁分成六大区域：3 个居住区和 3 个天窗区。居住区和天窗区交错排列，一个居住区和一个天窗区相对。天窗区由巨大的玻璃构成，在天窗区的外面还安装有 3 块巨大的平面反射镜。镜子是由电脑控制的，按照一定的规律转动，将照射到它上面的太阳光以不同的角度反射到太空城里去。反射镜随同大圆筒一起旋转，通过调节反射镜的反射角度和天窗玻璃的色调，太空城的居民不仅能看到蔚蓝色的“天空”，还能观赏到日出和日落。

建造这么一座宏伟的天上都市的建筑材料从哪里来呢？科学家分析了月球岩石标本之后，发现月球岩石中含有丰富的铝、铁、钛、硅、氧等元素。太空城的建筑材料有95%可以从月球找到。我们知道，月球的引力比地球的小得多，把同样重的材料送到太空，从月球出发比从地球出发也要“省力”的多。所以，在建造天上的都市之前，必须首先开发月球，让月球成为人类的建筑材料供应场。

据奥尼尔的设想，在今后二三十年内，在太空中，将出现可居住万人的太空城。到21世纪末期，空间中的各种太空城、空间站和空间工厂将星罗棋布，每年差不多有2亿人往返于地球与太空城之间，进行别有风味的旅行。到那时，每年都有成千上万的地球人到太空城“安家落户”。

知识链接

建造太空城市

科学家估计，只要派150个人上月球，每年可以开采100多万吨矿石。将矿石用磁发射装置抛射到空间冶炼厂，利用太阳能加热、冶炼、加工成铝材、玻璃等各种建筑材料和构件，然后派出太空机器人，到轨道上去进行高空作业，装配建造太空城市。

空间电站

科普档案 ●**航天设想**:建设空间太阳能发电站 ●**优点**:日照时间长,太阳能的利用率高

20 世纪中叶,科学家已能够把太阳能直接转变为电能。随着航天技术的发展,人类准备在太阳能发电方面实现一次更新的突破——建设空间太阳能发电站。

1876 年,两位英国科学工作者发现,用硒半导体可以把太阳光直接转变成电能。尽管这种转变的效率只有 1%。即用 100 瓦的太阳光能只能得到 1 瓦的电能,但这仍是一个历史性的发现和突破!20 世纪中叶,科学家已在利用太阳能方面,取得了新的突破,就是能够把太阳能直接转变为电能。随着航天技术的发展,人类正准备在太阳能发电方面实现一次更新的突破——建设空间太阳能发电站。

太阳是太阳系的中心天体,它是一颗稳定的恒星,一个处于动态平衡的炽热的气体球。太阳每秒钟供给地球的能量相当于每秒钟燃烧 500 万吨优质煤所发出的能量,而地球仅仅能得到太阳总辐射能的 22 亿分之一。如何近距离地把太阳能收集和利用起来,为人类服务,已成为许多科学家研究的重大课题。

□空间太阳能发电示意图

早在 1968 年就有科学家提出了空间太阳能发电站方案。这一设想是建立在一个极其巨大的太阳能电池阵的基础上,由它来聚集大量的阳光,利用光电转换原理达到发电的目的。所产生的电能将以微波形式传输到地球上,然后通过天线接收经整流转变成电能,送入全

国供电网。

人们也许会想，目前在地面已经能够将太阳能电池安装在个人住宅的屋顶上，组成家用光电池发电系统，又何必到太空中去建设太阳能发电站呢？经研究人员分析，要把丰富的太阳能转变成电能，在地球上建立大型太阳能—电能转换装置，会出现很多不利因素。这是因为一般在地球上的任何一个地方，一年中只有1/2左右的时间能获得日照，而且日照程度又随时间和天气而改变，比如云、雾、雨、雪等天气现象的出现，使工作效率大为降低，所以不能把它作为基本负载的电厂来使用。同时还因为在地面上有风和重力存在，使建筑超级大型太阳能电池阵或反射镜颇为困难。而在外层空间，太阳能的利用绝不会受到天气、尘埃和有害气体的影响，再加上日照时间长，因此空间太阳能电站与同一规模的地面太阳能电站相比，接收的太阳

□远距离能量传送是一个巨大的技术课题

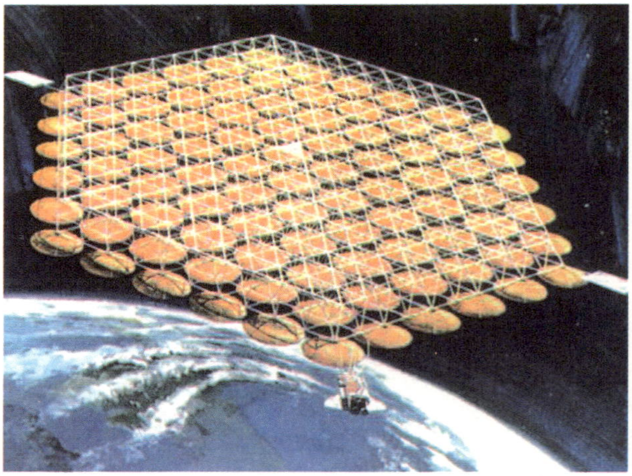

□空间太阳能电站将是庞大无比的物体，质量达万吨以上

□空间太阳能电站设想图

能要高出 6～15 倍。

如何把庞大的空间电站发射到太空呢？科学家估计，若需获得 50 亿瓦电力，空间电站物资总量将达 4000 多吨。按照现有的航天技术只能采用“化整为零，集零成整”的办法了。如何把空间电站发出的电传回地球呢？科学家们提出了两种方案：一种是将电能通过微波由一架小飞机运回地球；另一种是准备在同步轨道上装一面直径为 1000 的镜子，将呈微波状态的电能反射传输到所需的地方。人们担心，万一强大的微波技术失控，会不会对人类的健康造成影响？会不会干扰地球的通信联系？科学家们认为只要通过地面信号控制微波发射装置，使它始终对准地面接收站，并将微波泄漏量控制在国际安全标准之内，就不会影响人类的健康和自然界的生态平衡。同时，美国科学家还将设计失控保险装置，万一微波能量失控，可让其在太空中立即自行消散。

天上太阳能电力是一种清洁、安全而又取之不尽、用之不竭的新能源。未来在天上进行太阳能发电，是人类获取能量、摆脱能源危机的主要途径。

知识链接

空间站建设

中国空间站为一个空间实验室系统，其组成过程中将先发射无人空间实验室，而后再用运载火箭将载人飞船送入太空，与停留在轨道上的实验室交会对接，航天员从飞船的附加段进入空间实验室，开展工作。航天员的生活必需品和工作所需的材料、设备均由飞船运送，载人飞船停靠在实验室外边，作为应急救生飞船。如果实验室发生故障，可随时载航天员返回地面，航天员工作完成后，乘飞船返回。我国载人空间站工程分为空间实验室和空间站两个阶段实施。

太空工厂

科普档案 ●**航天设想**：建造太空工厂 ●**优点**：资源丰富，有助于人类进行更广泛领域的开发

在太空建造工厂，是航天技术发展的一个目标。太空拥有许多宝贵资源，有助于人类进行更广泛领域的开发，而且宇宙空间的强烈辐射可使种子、微生物以及细胞的遗传密码发生变化，从而产生更多更有价值的新物质。

在太空建造工厂，是航天技术发展的一个目标。太空拥有微重力、高真空、超洁净和丰富的太阳能等宝贵资源，有助于人类进行更广泛领域的新材料加工、细胞、蛋白质晶体的生长与培养；宇宙空间充满的各种强烈辐射使种子、微生物以及各种细胞的遗传密码在排列上发生了变化，从而产生出更多更有价值的新物质。

从20世纪70年代以来，苏联和美国利用空间站和航天飞机做了许多空间工业生产的有益探索。

苏联发射的“礼炮”号和“和平”号空间站，对各种空间生产进行了长期实验。“礼炮”6号空间站在4年零10个月的太空飞行期间，宇航员成功地制取了多种合金以及半导体材料，提取了抗流感疫苗所需的超纯蛋白等；“礼炮”7号空间站又进行了各种合金、半导体、陶瓷、药物加工等300多项研究实验，为建立空间生产做

□太空工厂

了准备。1986 年 2 月 20 日上天的“和平”号空间站上，专门建立了一个工艺实验和生产车间、一个医药试制车间，这已是空间工厂的雏形。

□太空工厂

美国 20 世纪 70 年代发射的天空实验室和 80 年代开始飞行的航天飞机，也都开展了各种太空资源开发的实验和生产。在一次航天飞机太空材料实验中，宇航员将 10 克重的钨放到一个真空室的底座上，慢慢升高到预定的磁场内，然后底座下降，而钨则在失重状态下并不随之下降，而是停留在磁场内。于是，悬浮式的熔炼便开始了。人们用激光或电子束射向钨块，使钨加热升温直到熔化。这时，圆柱形的钨块渐渐变成了一个液体小球。当激光或电子束照射停止后，钨自行冷却并形成了球形单晶钨。这种球状物质外形非常圆，而且纯度相当高，是一种新型的超纯材料。

在这些实验的基础上，科学家们提出了建设太空工厂的方案。从目前情况看，空间站和空间平台是建立空间工厂的理想场地。这两种航天器可在轨道上组装、调试大型设备，进行批量生产，同时也能在轨道上接受来自地面或其他航天运载工具提供的维修设备、回收产品等服务。如果把空间站和空间平台组合在一起，用空间站配备高级生命保障系统和各项服务设施，载人到上面工作，用部署在周围的多个专用空间平台从事自动化工业生产，就能在太空长期高产、稳产，收到巨大的经济效益。

美国科学家提出了一种名叫“空间工业设施”的典型方案。这种空间工厂由工作舱和供应舱组成，工作舱用于安装生产设备，进行独立生产；供应舱用于补给原料、供应设备和储存产品。工作舱长 10.6 米，直径 4.4 米，可装载体积 70 立方米、重 5400 千克的设备，供应舱可装载体积 50 立方米、重

9080千克的货物。这一设施由航天飞机一次运送到预定轨道上，经过组装后就能具备生产能力。平时无人看守，完全自动化生产。宇航员定期乘航天飞机上去维修、保养、更换设备、安装仪器和回收产品。最初的空间工厂主要集中于材料加工、药物试制和太阳能发电方面，将来会扩展到生产其他产品。预计在未来，现有的国际空间站将被拆除，取而代之的就将是一个全新的“太空工厂”。

知识链接

航天货运客机

利用外太空进行各种生产活动，是人类文明发展的必然趋势。美国航天界曾预言，在不久的将来，将有在地球与近地轨道之间航行的新型航天货运客机问世，把在太空中生产的新材料运回地面。在未来几十年内，人类将陆续建成太空港，在月球、火星以及其他一些小行星上居住并建立太空工厂。

人类的月球基地

科普档案 ●**航天设想**:建造月球基地●**目的**:更好地开展天文观测等活动;为将来向月球移民打前站

随着空间技术的迅速发展，人类在外太空活动的范围日益扩大。1987 年 10 月，在一次国际宇航科学院的会议上，来自 50 多个国家（地区）的近 1000 名科学家和工程师联名提议建造国际月球基地。

随着空间技术的迅速发展,人类在外太空活动的范围日益扩大,建造大型航天站、太阳能电站、太空工厂和空间居民点的任务摆在了科学家们面前。1979 年,为了对各国在月球和其他天体上的活动进行组织和管理,联合国通过了《月球协定》。1987 年 10 月,在一次国际宇航科学院的会议上,来自 50 多个国家(地区)的近 1000 名科学家和工程师联名提议建造国际月球基地。

科学家们提出，在月球上建造一个宇航循环基地需 1000 吨水泥、330 吨水和 3600 吨钢筋,若将这些材料从地面运往月球,每吨需耗资 5000 万美元,显然太昂贵了。材料科学家对月球岩样进行分析和试验后认为,只要把氢带上月球就可把月球上的岩石变为最理想的建筑材料。月球表面钛铁含量极为丰富，这些矿物被加热到 800℃后与氢结合会产生铁、钛、氧气和蒸汽。在此过程中产生人类生存所必需

□月球基地

□月球基地

□月球基地设想图

的水和氧气。月球岩石可精炼成轻型和坚固的水泥，剩下的铁矿可用来冶炼钢筋。这种月球岩石同其他小行星的组成物质相似，已经在茫茫宇宙中存在了许多亿年，不但能抵挡太阳射线对其粒子的辐射，还能经受极大的温差考验。材料科学家利用宇航员带回地面的月球岩石样品制成了一块目前世界上任何物质都无法同它相比的最强硬、最坚固、最富弹性的混凝土。这种混凝土是唯一能在气候异常的月球屹立的建筑材料。在月球上生产每千克这种品质的混凝土只需氢 3 克，而且只要具有总重量约 200 吨的机械钻探设备就可投入月球物质的挖掘。化学科学家设计了许多从月球岩土中提取纯净元素的方案，包括利用太阳能加热月球物质的物质分离法以及利用氢氟酸之类的试剂从氧化物中取得氧、硅和金属的化学分离法，每个加工厂设计成能循环使用试剂和废料的齐全生产单位。一个只有 1 吨重的小小的试验性化工厂，每年可将十几吨月球物质加工成氧、金属和玻璃。因此，科学家们认为，建设月球基地的基本材料不必从地球运去，可以就地取材。待月球基地建成后，可以大规模开发月球，建造月球工厂，并把大批材料通过宇航基地射离月球，输往地球轨道和太阳系空间，用以建造各种大规模航天站，并为太空工业提供原料，为太空居民城镇建设供应建材。

科学家们认为，早期的月球基地应包括一个检测月球物质、监测基地成员健康状况和生活食品的试验舱，一个生活舱，一个不加压的储藏舱，一个加工月球物质的小小化工厂，一个带观测室和气闸门的连接舱，以便出入月球表面，两辆月球运输车。这种基地的成员可包括：指令长、机械师、机械技师、医生、地质学家、化学家和生物学家。基地成员每两个月轮换一次。每次通过在低月球轨道上会合的轨道间运输飞船和月球游览车交换 3~4 个基地工作人员。在这之后，人类将可利用小小化工厂生产的产品和建筑材料，在月球上建造固定的、坚固的宇航基地，为今后把开发出来的月球物质送往空间各用户和为人类飞往火星做出发地。

知识链接

月球条约

国际空间法之一，1979 年 12 月 5 日，第 34 届联合国大会未经投票通过了《月球协定》，1979 年 12 月 8 日开放供签署，1984 年 7 月 11 日生效。《月球协定》涉及月球资源的开发、利用和分享等与各国切身利益密切相关的问题，各国均持慎重态度。

移民火星

科普档案 ●**航天设想：**移民火星 ●**改造措施：**升高表面温度，融化冰层，使它有足够维系生命的氧气

登月之后，人类更大的目标就是载人飞船登陆火星。而登上火星后，更长远的计划便是改造火星环境，使之成为适合人类居住的第二个“地球”。

千百年来，人类对茫茫宇宙充满了无限神往和遐思。登月之后，人类更大的目标就是载人飞船登陆火星。而登上火星后，更长远的计划便是改造火星环境，使之成为适合人类居住的第二个“地球”。

火星有着与地球最接近的环境。它比地球小一些，半径为地球的53%，体积为地球的15%，质量为地球的11%，表面重力为地球的38%。火星有稀薄的大气，95%是二氧化碳，还有3%的氮，大气密度约为地球大气的1%。火星每24.63小时自转一圈，并在一条椭圆轨道上以25.2度的倾斜角绕太阳公转，周期为687天，因而与地球一样，有四季分明的气候，冬季最低温度为−125℃，夏季最高22℃，平均气温−63℃。这样的自然状态虽然仍不适合人类居住，但与月球相比，可说有天壤之别。

□火星

科学家们一直认为，火星上可能有水，迄今探测发现的大量水流痕迹，至少说明火星上曾经有过滔滔大水。那么，这些水哪里去了？它们不可能全部消散到太空，在两极和地表下可能会有冰冻水存在。现在美欧和日本，每当火星冲日前后，都要发射火星探测器，其主要目的就是探寻火星

上水的踪迹。一旦在火星上找到水源，在火星上建立密闭生态循环系统就要比在月球上容易得多、经济得多。如火星上有大气，密闭要求要低得多；火星大气可以降低辐射强度等。另外，火星上到处都是氧化铁等氧化物质，可还原出氧气来。火星上的风能也比地球上要丰富得多；火星上有地热能，还可利用二氧化碳和氢制造甲烷燃料，也可用重氢进行核发电等。

□登陆火星模拟图

□登陆火星模拟图

航天探测表明，早期的火星气候曾很炎热，大气密度是现在的10~50倍，这与现在的地球环境相差无几，而比早期地球环境可能更优越，地球可以成为绿色行星，火星为什么不能呢？所以一些科学家提出了许多绿化火星的设想，一些太空美术家则描绘了一幅幅火星未来的美丽图景。

绿化火星的关键在于提高火星表面的大气温度，以及增加氧气浓度。有的科学家建议，在围绕火星的轨道上设置大型反射镜，向火星反射阳光。也有的科学家建议在火星大气中释放含氯氟烃的气体，著名天文学家和科普作家卡尔·萨根则建议制造黑色尘埃云，因为它们可以产生温室效应。这样，在温度提高以后，火星两极和地表下的冰冻水就可以逐渐融化。这不仅可以使地表上出现液态水，还可汇集成几百米深的液态水的海洋，发展海洋生物。

有些科学家还想到，万一火星上的水量不足，还可动用火星两颗卫星上的水。因为迄今的探测发现，火卫一和火卫二上含有丰富的水。有了液态水和温暖的气候，各种植物就可以加速生长和繁殖，它们在光合作用中放出氧气；同时还可繁殖酵母和细菌之类的简单生命体，它们也可释放出氧气；为了加快氧气增加的速度，还可电解氧化铁产生氧气。

有了温暖的气候和充足的氧气，人就可以走出封闭居室，甩掉密闭生态循环系统，在火星表面上生活。为了使火星环境更趋近于地球环境，还可建立生产氮气的工厂，使火星大气具有与地球大气完全相同的成分。

为了使火星生命免受太阳紫外线的伤害，还可建立生产臭氧之类气体的工厂，将这些能过滤紫外线的气体释放到火星大气的上层，使太阳的紫外线无法到达火星表面。在如此绿化的火星上，人们就真正可以像在地球上一样自由自在地生活了。

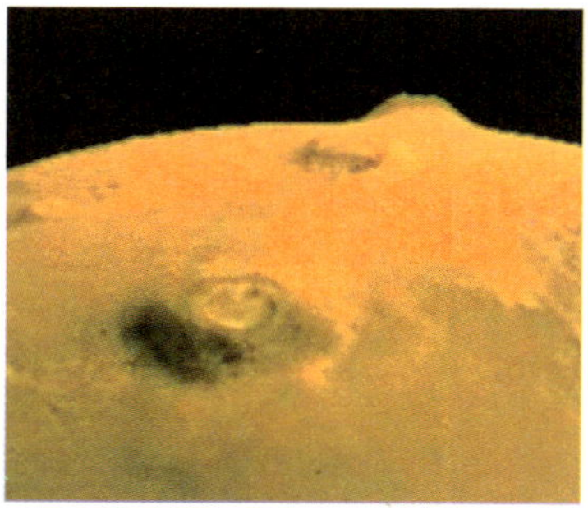

知识链接

火星洞穴

火星上的洞穴可以很好地保护未来人类移民免受宇宙辐射和恶劣天气的伤害和影响。此外，火星洞穴内可能还包含着大量矿物、水分、冰块，这些足以为火星移民提供支持生命的原料。因此，火星洞穴可能会成为人类未来移民火星的最早落脚点。

清除太空垃圾行动

科普档案 ●**航天事件:**清除太空垃圾 ●**方案:**激光发射器、太空垃圾收集车、金属细丝

人类在拉开空间时代序幕的同时，也为太空送去了人造垃圾。与日俱增的太空垃圾是宇宙交通事故最大的潜在“肇事者”，对于宇航员和飞行器来说都是巨大的威胁。随着航天时代的到来，清除这些太空垃圾已经成为当务之急。

1957年10月4日苏联成功发射了第一颗人造地球卫星，拉开了人类空间时代的序幕,同时也为太空送去了第一批人造垃圾。此后,随着人类太空史上的一次次壮举,太空垃圾与日俱增,它们就像高速公路上那些无人驾驶,随意乱开的汽车一样,你不知道它什么时候刹车,什么时候变线。它们是宇宙交通事故最大的潜在“肇事者”,对于宇航员和飞行器来说都是巨大的威胁。随着航天时代的到来,清除这些太空垃圾已经成为当务之急。

太空垃圾是指人类在从事空间活动时留下的那些空间碎片。在近地球轨道,火箭助推器的最后部分、调压器和报废的卫星残片，还有因为事故而爆炸的宇宙飞船的残骸碎片、宇宙飞船上很小的螺钉和垫圈、宇航员不小心在空间站上丢失的扳手等,最后都成为太空垃圾。这些太空垃圾在大气阻力的影响下会逐渐陨落。但是如果

□地球被太空垃圾层层包裹

□太空垃圾回收车

它的轨道很高，在1000千米以上，大气阻力很小，那它能在轨道上存留数万年甚至数百万年。而且，目前大多数太空垃圾都处于比较高的高度上。近50年以来，空间碎片总数已经超过4000万个，总质量已达数百万千克。大于10厘米，地面望远镜和雷达能观测到的空间碎片平均每年增加200个，总数已经超过1万个，所以说如今的太空已经成了不折不扣的垃圾场了。

太空垃圾危害很大，这些东西中有许多可以使宇航员丧命、将人造卫星击穿或至少也会擦坏航空飞机那些价值不菲的窗户。随着空间碎片数量的不断增加，空间碎片之间的碰撞概率也不断增加，从而产生更多的碎片。科学家指出，空间碎片的数量达到一定程度，有可能产生“雪崩”效应，使航天活动无法进行，近地空间完全失去使用价值。太空垃圾空间碎片巨大的破坏力来自于它的速度。空间碎片和航天器撞击时的平均相对速度是每秒10千米，撞击时的动能十分巨大。一颗重10克的空间碎片撞击航天器时，它的撞击效果就和质量1300千克、时速100千米的汽车撞击效果一样。

如何去清理这些太空垃圾呢？科学家们设计了3种比较有创意的方案。第一种是从地面或者太空发射激光，将太空垃圾推至离地球更近的轨道，使其在地球引力作用下加速下落。这个创意的缺点在于成本过高，激光发射装置非常昂贵，而且可以击中的目标有限。第二种方案是建造太空垃圾回收车，让它在太空轨道指定地点上将大块太空残骸收集和封装起来，然后运送到离地球比较近的轨道上。这种垃圾收集车还可以收集整块的老火箭残体。但这个方案的问题在于成本太高，而且操作也比较复杂。第三种方案是在飞船发射之前，在飞船上面附着一个金属细丝，进入轨道后用它来击落那些碎片。但是这种方案目前只限于“纸上谈兵”，并没有实验过。

目前关于太空垃圾处理和太空环境治理的研究仅限于学院机构和国家太空署进行的研究分析，该领域没有任何商业机构在运营。虽然当前立即出现真实可行的补救治理方案还不是很现实，但在短期内这项太空环境治理项目可以寻求与商业投资相结合，以进一步扩大合作研究范围。在不久的将来，一定会有合适的清理太空垃圾的方案出台并变成现实。

知识链接

太空垃圾

据统计，目前约有 3000 吨太空垃圾在绕地球飞奔，而且数量正以每年 2%～5%的速度增加。科学家们预测，太空垃圾以此速度增加，将会导致灾难性的连锁碰撞事件发生，如此下去，到 2300 年，任何东西都将无法进入太空轨道了。